21世纪普通高校计算机公共课程规划教材

数据结构实验与实训教程（第4版）

邓文华　主编

清华大学出版社
北京

内 容 简 介

本书是配合独立学院三本各类专业的《数据结构》一书编写的《数据结构实验与实训教程》教材,根据教学内容及针对独立学院三本学生的实际情况,本书在内容编排上共分成 4 个部分:第一部分为预备知识,包括 C 语言的数据输入、结构体的概念、函数的传址调用概念及预备知识实验;第二部分为基础实验部分,给出了 11 个实验,包括线性结构、树形结构、图结构、查找、排序以及数组和字符串等操作;第三部分为课程设计实验部分,包括航空客运订票系统、汉诺塔游戏程序、全屏幕编辑程序设计、旅游路线安排模拟系统、停车场管理和最小生成树的 Kruskal 算法共 6 个综合性实验,此部分实验可作为数据结构的课程设计之用;为了满足教学和各类学生学习课程与考前复习的需要,第四部分安排了 12 套模拟试题,并给出了详细的解答。

本书内容丰富、概念清晰、实用性强。本书与"数据结构"课程的主要内容紧密结合,可供各类学生课程学习、实验、课程设计和考前复习使用,也可供教师或其他专业技术人员参考。

图书在版编目(CIP)数据

数据结构实验与实训教程/邓文华主编.--4 版.--北京:清华大学出版社,2014(2022.7重印)

21 世纪普通高校计算机公共课程规划教材

ISBN 978-7-302-36144-2

Ⅰ. ①数… Ⅱ. ①邓… Ⅲ. ①数据结构—教材 Ⅳ. ①TP311.12

中国版本图书馆 CIP 数据核字(2014)第 072591 号

责任编辑:魏江江 王冰飞
封面设计:何凤霞
责任校对:焦丽丽
责任印制:朱雨萌

出版发行:清华大学出版社
    网 址:http://www.tup.com.cn,http://www.wqbook.com
    地 址:北京清华大学学研大厦 A 座   邮 编:100084
    社 总 机:010-83470000   邮 购:010-62786544
    投稿与读者服务:010-62776969,c-service@tup.tsinghua.edu.cn
    质量反馈:010-62772015,zhiliang@tup.tsinghua.edu.cn
    课件下载:http://www.tup.com.cn,010-83470236
印 装 者:天津鑫丰华印务有限公司
经 销:全国新华书店
开 本:185mm×260mm 印 张:11.75 字 数:285 千字
版 次:2004 年 8 月第 1 版 2014 年 7 月第 4 版 印 次:2022 年 7 月第 6 次印刷
印 数:6001~6300
定 价:29.80 元

产品编号:059508-02

出 版 说 明

随着我国改革开放的进一步深化,高等教育也得到了快速发展,各地高校紧密结合地方经济建设发展需要,科学运用市场调节机制,加大了使用信息科学等现代科学技术提升、改造传统学科专业的投入力度,通过教育改革合理调整和配置了教育资源,优化了传统学科专业,积极为地方经济建设输送人才,为我国经济社会的快速、健康和可持续发展以及高等教育自身的改革发展做出了巨大贡献。但是,高等教育质量还需要进一步提高以适应经济社会发展的需要,不少高校的专业设置和结构不尽合理,教师队伍整体素质亟待提高,人才培养模式、教学内容和方法需要进一步转变,学生的实践能力和创新精神亟待加强。

教育部一直十分重视高等教育质量工作。2007 年 1 月,教育部下发了《关于实施高等学校本科教学质量与教学改革工程的意见》,计划实施"高等学校本科教学质量与教学改革工程(简称'质量工程')",通过专业结构调整、课程教材建设、实践教学改革、教学团队建设等多项内容,进一步深化高等学校教学改革,提高人才培养的能力和水平,更好地满足经济社会发展对高素质人才的需要。在贯彻和落实教育部"质量工程"的过程中,各地高校发挥师资力量强、办学经验丰富、教学资源充裕等优势,对其特色专业及特色课程(群)加以规划、整理和总结,更新教学内容、改革课程体系,建设了一大批内容新、体系新、方法新、手段新的特色课程。在此基础上,经教育部相关教学指导委员会专家的指导和建议,清华大学出版社在多个领域精选各高校的特色课程,分别规划出版系列教材,以配合"质量工程"的实施,满足各高校教学质量和教学改革的需要。

本系列教材立足于计算机公共课程领域,以公共基础课为主、专业基础课为辅,横向满足高校多层次教学的需要。在规划过程中体现了如下一些基本原则和特点。

(1) 面向多层次、多学科专业,强调计算机在各专业中的应用。教材内容坚持基本理论适度,反映各层次对基本理论和原理的需求,同时加强实践和应用环节。

(2) 反映教学需要,促进教学发展。教材要适应多样化的教学需要,正确把握教学内容和课程体系的改革方向,在选择教材内容和编写体系时注意体现素质教育、创新能力与实践能力的培养,为学生知识、能力、素质协调发展创造条件。

(3) 实施精品战略,突出重点,保证质量。规划教材把重点放在公共基础课和专业基础课的教材建设上;特别注意选择并安排一部分原来基础比较好的优秀教材或讲义修订再版,逐步形成精品教材;提倡并鼓励编写体现教学质量和教学改革成果的教材。

(4) 主张一纲多本,合理配套。基础课和专业基础课教材配套,同一门课程有针对不同层次、面向不同专业的多本具有各自内容特点的教材。处理好教材统一性与多样化,基本教材与辅助教材、教学参考书,文字教材与软件教材的关系,实现教材系列资源配套。

(5) 依靠专家,择优选用。在制定教材规划时要依靠各课程专家在调查研究本课程教材建设现状的基础上提出规划选题。在落实主编人选时，要引入竞争机制，通过申报、评审确定主题。书稿完成后要认真实行审稿程序，确保出书质量。

　　繁荣教材出版事业，提高教材质量的关键是教师。建立一支高水平教材编写梯队才能保证教材的编写质量和建设力度，希望有志于教材建设的教师能够加入到我们的编写队伍中来。

21 世纪普通高校计算机公共课程规划教材编委会

联系人：梁颖 liangying@tup.tsinghua.edu.cn

前　言

　　本书与独立学院三本的《数据结构》一书一起组成配套教材,结合独立学院三本的特点,在原来第 3 版的基础上进行了修改与补充。其任务是通过实践让学生进一步掌握常用数据结构的基本概念及不同的实现方法,并对在不同存储结构上实现不同的运算方法和技巧有所体会。本书是专门针对独立学院三本学生的实际情况,为学习"数据结构"课程而编写的实验教材。本书共分成 4 个部分:第一部分为预备知识,包括 C 语言的数据输入、结构体的概念、函数的传址调用概念及预备知识实验;第二部分为基础实验部分,在内容安排上给出了 11 个实验,包括线性结构、树形结构(二叉树的二叉链表存储方式、结点结构和类型定义、二叉树的基本运算及应用)、图结构(图的两种存储结构的表示方法)、查找(顺序查找、树表查找、散列表查找的基本思想及存储、运算的实现)、排序(插入排序、冒泡排序、快速排序、直接选择排序、堆排序、归并排序和基数排序的基本思想与实现)以及数组和字符串等操作;第三部分为课程设计实验部分,包括航空客运订票系统、汉诺塔游戏程序、全屏幕编辑程序设计、旅游路线安排模拟系统、停车场管理和最小生成树的 Kruskal 算法共 6 个综合性实验,这些实验的综合性比较强,可作为"数据结构"课程的课程设计之用;第四部分安排了 12 套模拟试题,并给出参考解答,目的是帮助学生进一步巩固所学的理论知识。

　　本书具有以下几个特点:

　　(1) 每个实验题目都给出相应的 C 程序模板,在模板中填写关键语句或子程序即可上机通过,便于学生集中精力于主要的算法。

　　(2) 实验内容安排多样,包括基础题和提高题,便于满足不同层次学生的需求。其形式包括给出程序框架要求填写关键算法的形式,给出类似函数要求独立编写程序的形式,给出主程序要求编写子程序的形式,以及给出算法要求编写程序的形式等。

　　(3) 第四部分安排了 12 套模拟试题,并给出详细的参考解答,有利于学生的自学、复习。

　　本书由邓文华任主编,其中,第二、三部分由邓文华修改、编写;第四部分由胡智文修改、编写;第一部分由毕保祥编写。全书由邓文华统稿。

　　本书的所有程序都在 Turbo C 或 Win-TC 软件开发环境下调试运行通过。

　　编写独立学院三本的教材是一项新的尝试,难免存在疏漏,恳请读者赐教指正。

编　者

2014 年 4 月

目　录

第一部分　预备知识

数据结构预备知识

数据结构不仅具有较强的理论性,更具有较强的实践性。在数据结构的教学过程中,如果学生的程序设计语言基础薄弱,会在很大程度上影响正常的教学进度。因此,为了方便学生进行后续实验,这里将数据结构所必需的 C 语言语法做一下简单介绍。编者根据多年的教学实践,发现学生完成上机实验时遇到的问题主要包括不能正确地输入数据,对结构体概念陌生,对函数的传址调用概念不清,对指针与链表比较生疏。由于篇幅所限,这里仅对前 3 个问题加以介绍,关于指针与链表的知识请学生参阅相应的 C 语言程序设计教程。

一、基本输入和输出

上机实践离不开数据的输入和输出。对于一个算法程序,如果数据不能正确地输入,算法设计得再好也无法正常运行。虽然输入和输出看起来简单,但是往往在上机实验时最容易出错,尤其是输入。

(一) scanf()输入函数

C 语言的输入由系统提供的输入函数来实现,例如 scanf()函数等。因为标准的输入和输出函数都在头文件 stdio. h 中声明,所以只有在程序中将其包含进来才能使用。在程序的首部一般要求写入:

```
# include < stdio. h >
```

scanf()函数的功能很多,输入格式也多种多样,这里只给出使用时需要注意的几个问题。

(1) 如果一条 scanf()语句中有多个变量且都是数值型(int、float、double),在输入数据时可在一行之内输入多个数据,数据之间用空格分隔。如果语句中在%d 和%f 之间有一个逗号",",则在数据之间也要以","分隔。例如:

```
int x; float y;
scanf ("%d %f", &x, &y);
```

正确的输入应该是"整数 空格 实数 回车",例如:

```
50   78.3
```

就是在两个数据之间用空格键作为分隔符,最后按回车键。

再如:

```
scanf ("%d , %f " , &x, &y);
```

在%d和%f之间有一个逗号,那么正确的输入方法是"整数 逗号 实数 回车",例如:

```
50,78.3
```

(2) 不要将字符型变量或字符串与数值型变量混合在一条 scanf()语句中,而应该各自单独写一条输入语句,这样不容易出错。"空格键"在数值型数据之间起"分隔符"的作用,而在字符或字符串之间,"空格"则被当做一个输入的字符,不能起到"分隔符"的作用。

(3) scanf()函数中必须传递变量的地址,因为数组名本身就是数组的首地址,所以在scanf语句中的字符数组名之前不得冠以取地址符"&",而在整型变量、实型变量和字符型变量之前必须加上"&"。

(二) printf()输出函数

C语言的输出是由系统提供的 printf()等输出函数来实现的,与使用 scanf()函数一样,在程序的首部也要写入:

```
# include < stdio. h>
```

关于 printf()函数,这里强调以下几点。

(1) 在 scanf()之前,应该先使用 printf()语句进行必要的提示。例如:

```
char name[10], x;
int y;
printf("\n 请输入学生的姓名、性别和成绩: ");
scanf( "%s",name);
scanf( "%c",&x);
scanf( "%d",&y);
```

(2) 在该换行的地方要及时换行。例如

```
int i;
printf("数据输出如下:\n");                    /*输出并换行*/
for (i=1; i<=15; i++) {
  printf("%5d", i*i);
  if(i%5==0) printf("\n");                    /*每行输出5个数据*/
}
```

(3) 在调试程序时可以适当添加一些输出语句,以便监视程序的运行状态,在程序调试成功后再将这些输出语句去掉。

二、结构体的运用

在C语言中,结构体的定义、输入与输出是数据结构程序设计的重要语法基础。

(一) 定义结构体类型的一般格式

定义结构体类型的一般格式如下:

```
struct 结构体类型名
{    类型名1      成员名1;
     类型名2      成员名2;
     …
```

```
        类型名 n        成员名 n;
};
```

其中,每个成员都是结构体的一个数据子域。数据子域的类型一般是基本数据类型 (int、char 等),也可以是数组,还可以是已经定义的另一个结构体。

(二)定义结构体变量的方法

定义结构体变量的方法如下:

struct 结构体类型名   结构体变量名 1,结构体变量名 2,…,结构体变量名 m;

例如:

```
struct   ElemType                              /＊定义结构体类型＊/
{ int   num;
  char   name[10];
};
struct   ElemType   x;                          /＊定义结构体变量 x＊/
```

(三)用 typedef 语句为结构体类型定义新的类型名

例如:

```
typedef   struct
     { int   num;
       char   name[10];
     } ElemType;
```

其中,ElemType 就是结构体类型的一个新类型名。这样,定义变量 x 的语句就可以写为:

```
ElemType   x;
```

(四)结构体变量的引用

(1)用“.”引用。

```
<结构体变量名>.<成员名>
```

例如:

```
x. num = 10;
scanf(" % s",x. name);
```

其使用方法和同类型的简单变量一样。

(2)用“->”引用。

```
<指针变量名> - > <成员名>
```

其中,<指针变量名>必须是指向同类型结构体的指针变量。例如:

```
ElemType   * pt;
     pt = &x;                              /＊pt 保存 x 的地址,常称为使 pt 指向变量 x＊/
```

形如 pt->num 和 pt->name 的表示读做“pt 所指的 num”和“pt 所指的 name”。其使用方法和同类型的简单变量一样。

（五）一个简单的结构体应用程序

设一个人的记录如下：

姓名：Zhang San
年龄：20
性别：男
身高：175 厘米
体重：68 千克

下面用 struct 定义这位男生的记录结构，并用一个结构体变量保存其记录的值。另外，用两个变量分别演示用"."和"->"方法引用结构体的成员。

```
main(){
struct person {
  char name[20];
  int age;
  char sex;
  int height;
  int weight;
} stu1, * p;
/ * 初始化 stu3 * /
  struct person stu3 = {"Zhang San",20,'M',175,68};
  printf(" % s    % d    % c    % d    % d\n", stu3. name, stu3. age = 20, stu3. sex, stu3.
height,    stu3.weight);
/ * 初始化 stu1 * /
  strcpy(stu1.name,"zhang San");
  stu1. age = 20;   stu1. sex = 'M';
  stu1. height = 175;   stu1. weight = 68;
  printf(" % s    % d    % c    % d    % f\n", stu1. name, stu1. age = 20, stu1. sex, stu1.
height, stu1.weight);
/ * 实际上,用一条赋值语句"stu1 = stu3;"即可 * /

/ * 初始化 person2 * /
p = &stu1;
strcpy(p - > name,"Wang Wu");
p - > age = 19;
p - > sex = 'M';
p - > height = 170;
p - > weight = 65;
printf(" % s    % d    % c    % d    % d\n", p - > name, p - > age = 20, p - > sex, p - > height,
p - > weight);
}//结束 main 函数
```

三、函数的参数传递

函数是组成 C 语言程序的基本单位，函数具有相对独立的功能，可以被其他函数调用，也可以调用其他函数。直接或间接调用自身的函数称为递归函数。C 语言的源程序中必须有一个主函数 main()，还可以包含若干个自定义函数。函数的设计和调用是程序设计必不可少的技能，是程序设计最重要的基础，能否熟练地设计和使用函数是体现学生程序设计能力高低的基本条件。这里对 C 语言函数的基本概念进行简单的总结。

（一）函数的定义

函数定义的一般格式如下：

类型名　　函数名(形式参数表)
{　函数体；}

其中，类型名是函数返回值的数据类型，例如 int、float 等。返回值是在函数运行时所得到的某个结果，例如：

float　funx(形参表)
{ 函数体；}

表明函数 funx() 在被调用并执行完成时有一个 float 型数值返回。

函数的类型还可以是 void，表明函数不需要返回值。例如：

void　funy(形参表)
{ 函数体；}

例 1.1　下面程序中有两个自定义函数和一个主函数，其中，自定义函数 sumabc() 计算 3 个整数之和，自定义函数 displayLine() 仅输出一条线，主函数 main() 调用两个自定义函数。

程序如下：

```
# include  < stdio. h >
int   sumabc(int a, int b, int c)          /* 求 3 个整数之和 */
{   int   s;
    a = b + c;
    s = a + b + c;
    return s;
}
void  displayLine(void)
 { printf(" ----------------------- \n");
 }
void  main( )
{   int   x,y, z ,sabc;
    x = y = z = 8;
    display();                             /* 画一条线 */
    printf("\n sum = % d",sumabc(x,y,z));  /* 在输出语句中直接调用函数 sumabc() */
    printf("\n   % 6d % 6d % 6d",x,y,z);
    display();                             /* 画一条线 */
    x = 2; y = 4; z = 6;
    sabc = sumabc(x, y, z);                /* 在赋值语句中调用函数 sumabc() */
    printf("\n   sum = % d", sabc);
    printf("\n   % 6d % 6d % 6d",x,y,z);
    display();                             /* 画一条线 */
}
```

运行结果：

```
--------------------

sum =  32
       8       8       8
--------------------
sum = 20
       2       4       6
--------------------
```

（二）函数的参数传递

函数在被调用时，由主调函数提供实参，并传递给形参。在调用结束后，有时可通过参数返回新的数据给主调函数，以实现数据在主调函数和被调函数之间的双向传递。C 语言实现参数传递的方法分为传值和传址两大类。

例 1.1 中的函数 sumabc() 被主函数 main() 调用就是传值调用。也就是说，将 x、y 和 z 的值分别赋给 a、b 和 c。传值调用只能单向传递，即从主调函数到被调函数。被调函数返回后，在主函数中输出的实参的值仍与调用之前相同，即不论在调用期间形参值是否改变，在调用结束返回到主调函数之后实参值不会改变，例如 x 的值没有改变。

在 C 语言中采用指针变量做形参来实现传址。传址调用的主要特点是可以实现数据的双向传递。在调用时实参将地址传给形参，通过地址将对应的数据代入被调函数。如果在调用期间形参值发生改变（即该地址对应的单元中的数据发生变化），那么调用结束返回主调函数之后，因为实参地址没有改变，所以其对应的单元中被改变的数据得以返回，从而实现了数据的双向传递。

例 1.2 将例 1.1 中的函数 sumabc() 修改为如下：

```c
int    sumabc(int * a, int b, int c)
{
       int   s;
       * a = b + c;
       s = * a + b + c;
       return s;

}
```

在 main() 中第一次调用 sumabc() 函数的语句如下：

```c
x = y = z = 8;
printf("\n sum = % d",sumabc(&x,y,z));
printf("\n   % 6d % 6d % 6d",x,y,z);
```

第二次调用如下：

```c
x = 2; y = 4; z = 6;
sabc = sumabc(&x, y, z);
printf("\n    sum = % d", sabc);
printf("\n   % 6d % 6d % 6d",x,y,z);
```

则 x 的值在调前后发生了改变。

运行结果：

```
--------------------
sum = 32
     16      8      8
--------------------
sum = 20
     10      4      6
--------------------
```

函数的设计和运用是 C 语言程序设计课程中重要的一部分内容，也有一定的难度，尤其值得大家重点关注。

预备知识实验

一、实验目的

1. 了解抽象数据类型（ADT）的基本概念及描述方法。
2. 通过对复数抽象数据类型 ADT 的实现熟悉 C 语言语法及程序设计，为以后章节的学习打下基础。

二、实例

复数抽象数据类型 ADT 的描述及实现。

[复数 ADT 的描述]
```
ADT complex{
    数据对象：D = { c1,c2  │ c1,c2∈FloatSet }
    数据关系：R = { <c1,c2> │ c1   c2     }
    基本操作：创建一个复数         creat(a);
             输出一个复数         outputc(a);
             求两个复数相加之和   add(a,b);
             求两个复数相减之差   sub(a,b);
             求两个复数相乘之积   chengji(a,b);
             等等;
          } ADT complex;
```
[复数 ADT 实现的源程序]
```c
# include < stdio. h >
# include < stdlib. h >
/* 存储表示,结构体类型的定义 */
typedef   struct
    { float x;                          /* 实部子域 */
      float y;                          /* 虚部的实系数子域 */
    }comp;
/* 全局变量的说明 */
comp a,b,a1,b1;
int z;
/* 子函数的原型声明 */
```

```
void creat(comp  * c);
void outputc(comp a);
comp add(comp k,comp h);
/* 主函数 */
main()
{ creat(&a);    outputc(a);
  creat(&b);    outputc(b);
  a1 = add(a,b); outputc(a1);
}                                          /* main */
/* 创建一个复数   */
void creat(comp  * c)
{ float c1,c2;
  printf("输入实部 real x = ?");scanf("% f",&c1);
  printf("输入虚部 xvpu y = ?");scanf("% f",&c2);
  ( * c).x = c1;   c  -> y = c2;
}                                          /* creat */
/* 输出一个复数 */
void outputc(comp a)
  { printf("\n   % f + % f i \n\n",a.x,a.y);
  }
/* 求两个复数相加之和 */
comp add(comp k,comp h)
{ comp l;
  l.x = k.x + h.x;   l.y = k.y + h.y;
  return(l);
  }                                        /* add */
```

三、练习题

1. 将上面的源程序输入计算机,并进行调试。
2. 编写求两个复数的差、积、商的函数。
3. 编写求一个复数的实部、虚部、模的函数。
4. 编写 main()分别调用以上函数。
5. 输入测试数据,输出结果(数据自定)。

第二部分　基础实验

实验1　线性表的基本操作

一、线性表的基本概念

　　线性表是一种线性结构,线性结构的特点是数据元素之间是一种一对一的线性关系,数据元素"一个接一个的排列"。在一个线性表中数据元素的类型是相同的,或者说线性表是由同一类型的数据元素构成的线性结构。在实际问题中线性表的例子很多,例如学生情况信息表是一个线性表,表中数据元素的类型为学生类型。一个字符串也是一个线性表,表中数据元素的类型为字符型,等等。

　　综上所述,线性表的定义如下:

　　线性表是具有相同数据类型的 $n(n \geqslant 0)$ 个数据元素的有限序列,通常记为:

$$(a_1, a_2, \cdots, a_{i-1}, a_i, a_{i+1}, \cdots, a_n)$$

其中,n 为表长,当 $n=0$ 时线性表称为空表。

　　表中相邻元素之间存在着顺序关系,将 a_{i-1} 称为 a_i 的直接前趋,将 a_{i+1} 称为 a_i 的直接后继。也就是说,对于 a_i,当 $i=2, \cdots, n$ 时,有且仅有一个直接前趋 a_{i-1},当 $i=1,2,\cdots,n-1$ 时,有且仅有一个直接后继 a_{i+1},a_1 是表中的第一个元素,它没有前趋,a_n 是最后一个元素,它没有后继。

　　线性表是最简单、最基本、最常用的一种线性结构,它有两种存储方法,即顺序存储和链式存储,主要的基本操作是插入、删除和检索等。

二、实验目的

　　1. 掌握线性表的基本运算。
　　2. 掌握顺序存储的概念,学会对顺序存储数据结构进行操作。
　　3. 加深对顺序存储数据结构的理解,逐步培养解决实际问题的编程能力。

三、实验内容

（一）基础题

1. 编写线性表基本操作函数:

（1）InitList(LIST ＊L, int ms)初始化线性表;

（2）InsertList(LIST ＊L, int item, int rc)向线性表的指定位置插入元素;

（3）DeleteList1(LIST ＊L, int item)删除指定元素值的线性表记录;

（4）DeleteList2(LIST ＊L，int rc)删除指定位置的线性表记录；

（5）FindList(LIST ＊L，int item)查找线性表中的元素；

（6）OutputList(LIST ＊L)输出线性表元素。

2. 调用上述函数实现下列操作：

（1）初始化线性表；

（2）调用插入函数建立一个线性表；

（3）在线性表中寻找指定的元素；

（4）在线性表中删除指定值的元素；

（5）在线性表中删除指定位置的元素；

（6）遍历并输出线性表。

注：每完成一个步骤，必须及时地输出线性表元素，以便于观察操作结果。

（二）提高题

1. 将两个有序的线性表进行合并，要求同样的数据元素只出现一次。

解题思路：由于两个线性表中的元素有序排列，因此在进行合并的时候可依次比较，哪个线性表的元素值小就先将这个元素复制到新的线性表中，若两个元素相等，则复制一个即可，这样直到其中的一个线性表结束，然后将剩余的线性表复制到新的线性表中。

2. 要求以较高的效率删除线性表中元素值在 x 到 $y(x$ 和 y 自定)之间的所有元素。

解题思路：在线性表中设置两个初值为 0 的下标变量 i 和 j，其中 i 为比较元素的下标，j 为赋值元素的下标。依次取线性表中下标为 i 的元素与 x 和 y 做比较，若是 x 和 y 之外的元素，则赋值给下标为 j 的元素。这种算法比删除一个元素后立即移动其后面的元素效率要高很多。

四、参考程序

程序 1：基础题 1

```
# include < stdio. h >
# include < stdlib. h >
# include < alloc. h >
struct LinearList                          /＊定义线性表结构＊/
{
    int ＊ list;                           /＊存线性表元素＊/
    int size;                              /＊存线性表长度＊/
    int MaxSize;                           /＊存 list 数组元素的个数＊/
};
typedef struct LinearList LIST;
void InitList( LIST ＊L, int ms )           /＊初始化线性表＊/
{
    if( (L－>list = _____①_____ ) == NULL ) {
        printf( "内存申请错误!\n" );
        exit( 1 );
    }
    _____②_____
    L－>MaxSize = ms;
}
```

```c
int InsertList( LIST * L, int item, int rc )
/* item:记录值;rc:插入位置 */
{
        int i;
    if(_____③_____)                    /* 线性表已满 */
        return - 1;
    if( rc < 0 )                           /* 插入位置为 0→L->size */
        rc = 0;
    if(_____④_____)
        rc = L->size;
    for( i = L->size - 1; i >= rc; i-- )   /* 将线性表元素后移 */
        _____⑤_____
    L->list[rc] = item;
    L->size ++;
    return 0;
}


void OutputList( LIST * L )                /* 输出线性表元素 */
{
    int i;
    for( i = 0;_____⑥_____ i++)
        printf( "%d", L->list[i] );
        printf( "\n" );
}


int FindList( LIST * L, int item )         /* 返回值≥0 为元素位置,返回 -1 为没找到 */
{
    int i;
    for( i = 0; i < L->size; i++)
        if(_____⑦_____)               /* 找到相同的元素,返回位置 */
            return i;
    return - 1;                            /* 没找到 */
}


int DeleteList1( LIST * L, int item )
/* 删除指定元素值的线性表记录,返回值≥0 为删除成功 */
{
    int i, n;
    for( i = 0; i < L->size; i++)
        if( item == L->list[i] )           /* 找到相同的元素 */
            break;
    if( i < L->size ) {
        for( n = i; n < L->size - 1; n++)
            L->list[n] = L->list[n + 1];
        L->size -- ;
        return i;
    }
        return - 1;
}
```

```
int DeleteList2( LIST L, int rc )                    /* 删除指定位置的线性表记录 */
{
    ⑧    /* 编写删除指定位置的线性表记录的子程序 */
}
```

程序 2：基础题 2

```
void main()
{
    LIST LL;
        int i, r;
    printf( "list addr = % p\tsize = % d\tMaxSize = % d\n", LL. list, LL. size, LL. MaxSize );
    InitList( &LL, 100 );
    printf( "list addr = % p\tsize = % d\tMaxSize = % d\n", LL. list, LL. size, LL. MaxSize );
    while( 1 )
    {
        printf( "请输入元素值,输入 0 结束插入操作:" );
        fflush( stdin );                      /* 清空标准输入缓冲区 */
        scanf( "% d", &i );
        if(_____①_____)
                    break;
        printf( "请输入插入位置: " );
        scanf( "% d", &r );
        InsertList(_____②_____);
        printf( "线性表为:  " );
        _____③_____
    }
    while( 1 )
    {
        printf( "请输入查找元素值,输入 0 结束查找操作:" );
        fflush( stdin );                      /* 清空标准输入缓冲区 */
        scanf( "% d", &i );
        if( i == 0 )
                    break;
        r = _____④_____
            if( r < 0 )
            printf( "没找到\n" );
        else
            printf( "有符合条件的元素,位置为: % d\n", r + 1 );
    }
    while( 1 )
    {
        printf( "请输入删除元素值,输入 0 结束查找操作:" );
        fflush( stdin );                      /* 清空标准输入缓冲区 */
        scanf( "% d", &i );
        if( i == 0 )
                    break;
        r = _____⑤_____
            if( r < 0 )
            printf( "没找到\n" );
        else {
```

```
                    printf( "有符合条件的元素,位置为: %d\n线性表为: ", r + 1 );
                    OutputList( &LL );
                         }
             }
         while( 1 )
         {
             printf( "请输入删除元素位置,输入 0 结束查找操作:" );
             fflush( stdin );                    /* 清空标准输入缓冲区 */
             scanf( "%d", &r );
             if( r == 0 )
                         break;
             i = _____⑥_____
                 if( i < 0 )
                     printf( "位置越界\n" );
             else {
                     printf( "线性表为: " );
                     OutputList( &LL );
                         }
             }
    }
```

程序 3：提高题 1（见本部分最后的"基础实验参考答案"）

程序 4：提高题 2

```
#define   X 10
#define   Y 30
#define   N 20
int A[N] = { 2, 5, 15, 30, 1, 40, 17, 50, 9, 21, 32, 8, 41, 22, 49, 31, 33, 18, 80, 5 };
#include< stdio. h >
void del( int *A, int *n, int x, int y )
{
    int i, j;
    for( i = j = 0; i < *n; i++)
        if( A[i] > y || A[i] < x )          //不在 x 和 y 之间则保留
            _____①_____;
        _____②_____ = j;
}


void output( int *A, int n )
{
    int i;
    printf( "\n 数组有 %d 个元素:\n", n );
    for( i = 0; i < n; i++) {
        printf( "%7d", A[i] );
        if( ( i + 1 ) % 10 == 0 )
            printf( "\n" );
    }
        printf( "\n" );
}
```

```
void main()
{
    int n;
    n = N;
    output( A, n );
          ③         ;
    output( A, n );
}
```

实验 2　链表的基本操作

一、线性表的链式存储和运算实现

由于顺序表的存储特点是用物理上的相邻实现逻辑上的相邻,要求用连续的存储单元顺序存储线性表中的各元素,因此对顺序表的插入、删除需要通过移动数据元素来实现,影响了运行效率。本实验采用线性表链式存储结构,不需要用地址连续的存储单元来实现,因为不要求逻辑上相邻的两个数据元素物理上也相邻,它是通过"链"建立起数据元素之间的逻辑关系的,因此对线性表的插入、删除不需要移动数据元素。

二、实验目的

1. 掌握链表的概念,学会对链表进行操作。
2. 加深对链式存储数据结构的理解,逐步培养解决实际问题的编程能力。

三、实验内容

(一)基础题

1. 编写链表基本操作函数:

(1) InitList(LIST ＊L, int ms)初始化链表;

(2) InsertList1(LIST ＊L, int item, int rc)向链表的指定位置插入元素;

(3) InsertList2(LIST ＊L, int item, int rc)向有序链表的指定位置插入元素;

(4) DeleteList(LIST ＊L, int item)删除指定元素值的链表记录;

(5) FindList(LIST ＊L, int item)查找链表中的元素;

(6) OutputList(LIST ＊L)输出链表元素。

2. 调用上述函数实现下列操作:

(1) 初始化链表;

(2) 调用插入函数建立一个链表;

(3) 在链表中寻找指定的元素;

(4) 在链表中删除指定值的元素;

(5) 遍历并输出链表。

注:每完成一个步骤,必须及时地输出链表元素,以便于观察操作结果。

(二)提高题

1. 将一个头结点指针为 a 的单链表 A 分解成两个单链表 A 和 B,其头结点指针分别为

a 和 b，使得 A 链表中含有原链表 A 中序号为奇数的元素，B 链表中含有原链表 A 中序号为偶数的元素，且保持原来的相对顺序。

解题思路：将单链表 A 中序号为偶数的元素删除，并在删除时把这些结点链接起来构成单链表 B。

2. 将链接存储线性表逆置，即最后一个结点变成第一个结点，原来的倒数第二个结点变成第二个结点，依此类推。

解题思路：从头到尾扫描单链表 L，将第一个结点的 next 域置为 NULL，将第二个结点的 next 域指向第一个结点，将第三个结点的 next 域指向第二个结点，依此类推，直到最后一个结点，用 head 指向它。

四、参考程序

程序 1：基础题 1

```
# include < stdio. h>
# include < alloc. h>
typedef struct list {
int data;
struct list * next;
}LIST;

void InitList( LIST ** p )              /* 初始化链表 */
{
    ①/* 编写初始化链表子程序 */

}

void InsertList1( LIST ** p, int item, int rc )
/* 向链表指定位置[rc]插入元素[item] */
{
        int i;
    LIST * u, * q, * r;                 /* u:新结点;q:插入点前驱;r:插入点后继 */
    u = ( LIST * )malloc( sizeof(LIST) );
    u->data = item;
    for( i = 0, r = * p ;_____②_____ ; i++) {
        q = r;
        r = r->next;
    }
    if(_____③_____)                  /* 插入首结点或 p 为空指针 */
        * p = u;
    else
            _____④_____
        u->next = r;
}

void InsertList2( LIST ** p, int item )
/* 向有序链表[p]插入键值为[item]的结点 */
{
```

```
    LIST * u, * q, * r;                              /* u:新结点;q:插入点前驱;r:插入点后继 */
    u = ( LIST * )malloc( sizeof(LIST) );
    u->data = item;
    for( r = *p;        ⑤        && r->data < item; q = r, r = r->next )
                                                     /* 从链表的首结点开始顺序查找 */
    if( r == *p )                                    /* 插入首结点或 p 为空指针 */
            ⑥
    else
        q->next = u;
            u->next = r;
}


/* 删除键值为[item]的链表结点, 返回 0 为删除成功,返回 1 为没找到 */
int DeleteList( LIST ** p, int item )
{
    LIST * q, * r;                                   /* q:结点前驱; r:结点后继 */
    q = *p; r = q;
    if( q == NULL )                                  /* 链表为空 */
        return 1;
    if( q->data ==    ⑦    {                        /* 要删除链表的首结点 */
        *p = q->next;                                /* 更改链表的首指针 */
            ⑧                                        /* 释放被删除结点的空间 */
        return 0;                                    /* 删除成功 */
    }
    for( ;      ⑨      &&      ⑩      ; r = q, q = q->next )
                                                     /* 寻找键值为[item]的结点 */
    if( q->data == item ) {                          /* 找到结点 */
        r->next = q->next ;                          /* 被删结点从链表中脱离 */
        free( q );                                   /* 释放被删除结点的空间 */
        return 0;                                    /* 删除成功 */
    }
        return 1;                                    /* 没有指定值的结点, 删除失败 */
}


/* 查找键值为[item]的链表结点位置, 返回≥1 为找到,返回 -1 为没找到 */
int FindList( LIST * p, int item )
{
    int i;
    for( i = 1; p->data != item && p != NULL ;     ⑪     , i++)
                                                     /* 查找键值为[item]的结点 */
    return ( p == NULL ) ? -1 : i;                   /* 找到返回[i] */
}


void OutputList( LIST * p )                          /* 输出链表结点的键值 */
{
    while(       ⑫       ) {
        printf( "% 4d", p->data );
        p = p->next;                                 /* 遍历下一个结点 */
        }
}
```

```
void FreeList( LIST ** p )                          /* 释放链表空间 */
{
LIST * q, * r;
for( q = * p; q != NULL; ) {
        ⑬
    q = q -> next;
        ⑭
}
* p = NULL;                                         /* 将链表首指针置空 */
}
```

程序 2：基础题 2

```
void main( )
{
        LIST * p;
    int op, i, rc;
        InitList( &p );                             /* 初始化链表 */
        while( 1 )
{
    printf( "请选择操作  1：指定位置追加  2：升序追加  3：查找结点\n" );
    printf( "      4：删除结点      5：输出链表  6：清空链表  0：退出\n" );
    fflush( stdin );                                /* 清空标准输入缓冲区 */
    scanf( "%d", &op );
    switch( op ) {
        case 0:                             /* 退出 */
            return  -1;
        case 1:                             /* 指定位置追加结点 */
            printf( "请输入新增结点的键值和位置：" );
            scanf( "%d %d", &i, &rc );
            ____①____ ;
            break;
        case 2:                             /* 按升序追加结点 */
            printf( "请输入新增结点的键值：" );
            scanf( "%d", &i );
            InsertList2( &p, i );
            break;
        case 3:                             /* 查找结点 */
            printf( "请输入要查找结点的键值：" );
            scanf( "%d", &i );
            rc = ____②____ ;
            if( rc > 0 )
                printf( "  位置为[ %d]\n", rc );
            else
                printf( "  没找到\n" );
            break;
        case 4:                             /* 删除结点 */
            printf( "请输入要删除结点的键值：" );
            scanf( "%d", &i );
            rc = ____③____ ;
            if( rc == 0 )
```

```
                    printf( "    删除成功\n", rc );
                else
                    printf( "    没找到\n" );
                break;
            case 5:                              /*输出链表*/
                printf( "\n链表内容为:\n" );
                _____④_____ ;
                break;
            case 6:                              /*清空链表*/
                _____⑤_____ ;
                break;
        }
    }
}
```

程序 3：提高题 1

```c
#include < stdio. h >
#include < alloc. h >

typedef struct node {
    int x;
    struct node * next;
}NODE;
void input( NODE ** a )
{
    NODE * p, * q;
        int i;
    printf( "请输入链表的元素, - 1 表示结束\n" );
        *a = NULL;
    while( 1 ) {
        scanf( "% d", &i );
        if( i == - 1 )
            break;
        p = ( NODE * )malloc( sizeof(NODE) );
        p -> x = i;
        p -> next = NULL;
        if( * a == NULL )
            *a = q = p;
        else {
            q -> next = p;
            q = q -> next;
        }
    }
}

void output( NODE * a )
{
    int i;
    for( i = 0; a != NULL; i++, a = a -> next ) {
        printf( "% 7d", a -> x );
        if( ( i + 1 ) % 10 == 0 )
            printf( "\n" );
```

```
        }
        printf( "\n" );
}


void disa( NODE * a, NODE ** b )
{
        NODE *r, *p, *q;
        p = a;
        r = *b = ( a == NULL ) ? NULL : a->next;        //如果链表 A 为空,则链表 B 也为空
        while(_____①_____ & & _____②_____ ) {
                q = p->next;                             //q 指向偶数序号的结点
                _____③_____                        //将 q 从原 A 链表中删除
                r->next = q;                             //将 q 结点加入到 B 链表的末尾
                        ④                                //r 指向 B 链表的最后一个结点
                p = p->next;                             //p 指向原 A 链表的奇数序号的结点
        }
        r->next = NULL;                                  //将生成 B 链表中的最后一个结点的 next 域置空
}


void main()
{
        NODE * a, * b;
        input( &a );
        printf( "链表 A 的元素为:\n" );
        output( a );
        _____⑤_____
        printf( "链表 A 的元素(奇数序号结点)为:\n" );
        output( a );
        printf( "链表 B 的元素(偶数序号结点)为:\n" );
        output( b );
}
```

程序 4：提高题 2
(参考程序略)

实验 3 栈的基本操作

一、栈的基本概念

栈(Stack)是限制在表的一端进行插入和删除的线性表,允许插入、删除的一端称为栈顶(top),另一个固定端称为栈底,当表中没有元素时称为空栈。在如图 3.1 所示的栈中有 3 个元素,进栈的顺序是 a_1、a_2、a_3,当需要出栈时其顺序为 a_3、a_2、a_1,所以栈又称为后进先出的线性表(Last In First Out),简称 LIFO 表。

在日常生活中有很多后进先出的例子,读者可以列举。在程序设计中经常需要栈这样的数据结构,即用与保存数据时相反的顺序来使用这些数据,这时就需要用一个栈来实现。对于栈,常做的基本运算有初始化、判栈空、入栈、出栈、读栈顶元素。

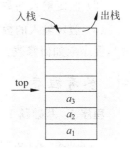

图 3.1 栈操作示意图

二、实验目的

1. 熟悉栈的定义和栈的基本操作。

2. 掌握顺序存储栈和链接存储栈的基本运算。

3. 加深对栈结构的理解,逐步培养解决实际问题的编程能力。

三、实验内容

(一) 基础题

1. 编写栈的基本操作函数:

(1) push(int * stack, int maxn, int * toppt, int x)进栈函数;

(2) pop(int * stack, int * toppt, int * cp)出栈函数;

(3) OutputStack(int * stack, int toppt)输出栈元素。

2. 调用上述函数实现下列操作:

(1) 调用进栈函数建立一个栈;

(2) 读取栈顶元素;

(3) 从栈中删除元素;

(4) 输出栈中的所有元素。

注:每完成一个步骤,必须及时地输出栈中的元素,以便于观察操作结果。

(二) 提高题

1. 假设一个算术表达式中包含圆括号、方括号和花括号 3 种类型的括号,编写一个判别表达式中的括号是否正确匹配的函数 correct(char * exp, int max),其中,传入参数为表达式和表达式长度。

2. 将中缀表示的算术表达式转换成后缀表示,并计算表达式的值。

例如中缀表达式 (A−(B * C + D) * E)/ (F + G) 的后缀表示为:

$$A B C * D + E * -F G + /$$

注:为了方便,假定操作数为单个数字(0~9),运算符只有 +、−、*、/,并假定提供的算术表达式正确。

思考题:

(1) 如何在程序中检查算术表达式的正确性(例如括号匹配、中缀表达式错误等)?

(2) 假定输入的数字为任意位,程序应如何修改?

(3) 假定输入的数字为任意位,并且运算符除 +、−、*、/ 以外还有 ^(幂)和 $\sqrt{}$ (开根号),程序应如何修改?

四、参考程序

程序 1:基础题 1

```
# include < stdio. h >
# define MAXN 10                    /* 栈的最大容量 */
/* 定义栈的类型为 int * /
```

```
int push( int * stack, int maxn, int * toppt, int x )          /* 进栈函数 */
{
    if( * toppt >= maxn )                        /* ____①____ */
        return 1;
    _____②_____                           /* 元素进栈 */
    ++( * toppt);                                /* 栈顶指针 + 1 */
        return 0;                                /* 进栈成功 */
}


int pop( int * stack, int * toppt, int * cp )    /* 出栈函数 */
{
    if(_____③_____)                           /* 栈空,出栈失败,返回 1 */
        return 1;
    -- ( * toppt);                               /* 栈顶指针 - 1 */
    _____④_____
        return 0;                                /* 出栈成功 */
}


void OutputStack( int * stack, int toppt )       /* 输出栈元素 */
{
    int i;
    for( i = _____⑤_____ ; i >= 0; i-- )
        printf( "%d", stack[i] );
    printf( "\n" );
}
```

程序 2：基础题 2

```
void main()
{
    int s[MAXN], i;                              /* 定义栈 */
    int top = 0;                                 /* 设置为空栈 */
        int op;
        while( 1 )
        {
            printf( "请选择操作,1:进栈; 2:出栈; 0:退出" );
            fflush( stdin );                     /* 清空标准输入缓冲区 */
            scanf( "%d", &op );
            switch( op ) {
                case 0:                          /* 退出 */
                    return;
                case 1:                          /* 进栈 */
                    printf( "请输入进栈元素:" );
                    scanf( "%d", &i );
                    if(_____①_____) {         /* 进栈成功 */
                        printf( "进栈成功,栈内元素为:\n" );
                        OutputStack( s, top );
                    }
                    else
                        printf( "栈满\n" );
                            break;
```

```
        case 2:                            /*出栈*/
            if(_____②_____) {          /*出栈成功*/
                printf( "出栈元素为: [ %d ], 栈内元素为:\n", i );
                    _____③_____
            }
            else
                printf( "栈空\n" );
            break;
    }
  }
}
```

程序 3:提高题 1

(把程序 1 中的 push 和 pop 函数复制过来,但参数类型需要改变。)

```
int correct( char * exp, int max )
                            /*传入参数为表达式、表达式长度,返回 0 为成功,返回 1 为错误*/
{
    int flag = 0;                          /*括号匹配标志,0 为正确*/
    char s[MAXN];                          /*定义栈*/
    int top = 0;                           /*栈指针为 0 表示空栈*/
        char c;
    int i;
    for( i = 0;_____①_____ ; i++) {
/*循环条件为表达式未结束且括号匹配*/
        if( exp[i] == '(' || exp[i] == '[' || exp[i] == '{' )
            push( s, MAXN, &top, exp[i] );
        if( exp[i] == ')' || exp[i] == ']' || exp[i] == '}' ) {        /*遇到)、]、}出栈*/
            _____②_____                    /*置出栈结果,栈空出错*/
            if( ( exp[i] == ')' && c!= '(' ) || ( exp[i] == ']' && c!= '[' )
             || ( exp[i] == '}' && c!= '{' ) )   /*括号不匹配*/
                flag = 1;
                }
    }
    if(_____③_____ )                        /*栈不为空,表明还有(、[、{符号没匹配*/
        flag = 1;
        return flag;
}


void main()
{
    char s[MAXN], c;                        /*定义栈*/
        char exp[1024];
    int top = 0;                            /*设置为空栈*/
    while( 1 ) {
        printf( "请输入表达式, 输入 0 退出: " );
        gets( exp );                        /*从标准输入中读取表达式*/
        exp[MAXN] = '\0';                   /*表达式长度<= MAXN*/
        if( strcmp( exp, "0" ) == 0 )
            _____④_____
        if(_____⑤_____ )
```

```
            printf( "表达式内容为: \n%s\n表达式括号不匹配\n", exp );
        else
            printf( "表达式括号匹配\n" );
    }
}
```

程序 4：提高题 2

```c
# include < stdio.h >
# include < alloc.h >
# define MAXN 100                                  /* 栈的最大容量 */
int pushc(_____)              /* char 型元素进栈函数 */
{
    /* 编写进栈子程序 */
}


int popc( char * stack, int * toppt, char * cp ) /* char 型元素出栈函数 */
{
    /* 编写出栈子程序 */
}
int eval(_____)                   /* 算术运算 */
{
    /* 编写算术运算子程序 */

}

int operate( char * str, int * exp )
                /* 计算后缀表达式的值, 返回 0 为成功, 返回 -1 为表达式错误, 返回 -2 为栈满 */
{
    char c;
    int opd1, opd2, temp, c1;
        int s[MAXN];
    int i;
        int top = 0;
    for( i = 0; str[i] != '\0'; i++){
        c = str[i];
        if( c >= '0' && c <= '9' ){           /* 数字进栈 */
            c1 = c - '0';                      /* 将字符转换成数字值 */
            if( push( s, MAXN, &top, c1 ) != 0 ){
                printf( "表达式太长, 栈满" );
                return -2;
            }
        }
        else if( c == '+' || c == '-' || c == '*' || c == '/' )
          { /* 运算符 */
            pop( s, &top, &opd1 );
            if( pop( s, &top, &opd2 ) != 0 )
                return -1;
            temp = eval( c, opd2, opd1 );
            _____①_____;
        }
```

```
            else
                return -1;
        }

                   ②                              /*取出结果*/
        _____                              /*取出结果*/
        if( top != 0 )                            /*栈非空*/
            return -1;
        return 0;
    }


    int trans( char * sin, char * sout )
                                /*将中缀表达式转换成后缀表达式,返回 0 为处理成功*/
    {
        char s[MAXN], c;                          /*定义栈、栈元素*/
        _____                              /*设置为空栈*/
              ③
        int off = 0;                              /*数组下标*/
        int i;
        for( i = 0; sin[i] != '\0'; i++)          /*遇到休止符表示表达式输入结束*/
            if( sin[i] >= '0' && sin[i] <= '9')   /*输入数字到数组*/
                sout[_____④_____] = sin[i];
            else switch( sin[i] ) {
                case '(':                         /*左括号,括号入栈*/
                    pushc( s, MAXN, &top, sin[i] );
                        break;
                case ')':
                                                  /*右括号,将栈中左括号前的元素出栈,存入数组*/
                    while( 1 ){
                        if( popc( s, &top, &c ) != 0 ){ /*栈空*/
                            printf( "表达式括号不匹配\n" );
                            return -1;
                                      }
                        if( c == '(' )            /*找到匹配的括号*/
                            break;
                        sout[ off++] = c;         /*栈顶元素入数组*/
                    }
                        break;
                case '+':
                                        /*为'+'、'-',将栈中左括号前的元素出栈,存入数组*/
                case '-':
                    while( top > 0 && s[top-1] != '(') {
                              ⑤
                        _____
                        sout[ off++] = c;
                    }
                    pushc( s, MAXN, &top, sin[i] );              /*'+'、'-'符号入栈*/
                        break;
                case '*':
                                        /*为'*'、'/',将栈顶'*'、'/'符号出栈,存入数组*/
                case '/':
                    while( top > 0 && (s[top-1] == '*' || s[top-1] == '/') ){
                        popc( s, &top, &c );
                        sout[ off++] = c;
```

```
                    }                          /* 这段循环如何用 if 语句实现? */
                pushc( s, MAXN, &top, sin[i] );            /* '*'、'/'符号入栈 */
                        break;
            }
        while(_____⑥_____)                /* 所有元素出栈, 存入数组 */
            sout[ off++ ] = c;
        sout[ off ] = '\0';                     /* 加休止符 */
        return 0;
    }


    void main()
    {
        char * sin;                             /* 输入表达式指针, 中缀表示 */
        char * sout;                            /* 输出表达式指针, 后缀表示 */
        int i;
        sin = (char * )malloc( 1024 * sizeof(char) );
        sout = (char * )malloc( 1024 * sizeof(char) );
        if(_____⑦_____) {
            printf( "内存申请错误!\n" );
            return;
        }
        printf( "请输入表达式: " );
        gets( sin );
            if(_____⑧_____) {             /* 转换成功 */
            printf( "后缀表达式为:[ %s]\n", sout );
            switch(_____⑨_____) {
                case 0:
                    printf( "计算结果为:[ %d]\n", i );
                    break;
                case -1:
                    printf( "表达式错误\n" );
                    break;
                case -2:
                    printf( "栈操作错误\n" );
                    break;
                }
            }
        }
```

实验 4　队列的基本操作

一、队列的基本概念

　　前面所讲的栈是一种后进先出的数据结构, 在实际问题中还经常使用一种"先进先出"(First In First Out, FIFO)的数据结构, 即插入在表一端进行, 删除在表的另一端进行, 我们将这种数据结构称为队或队列, 把允许插入的一端称为队尾(rear), 把允许删除的一端称为队头(front)。图 4.1 所示是一个有 5 个元素的队列, 入队时的顺序依次为 a_1、a_2、a_3、a_4、a_5, 出队时的顺序依然是 a_1、a_2、a_3、a_4、a_5。

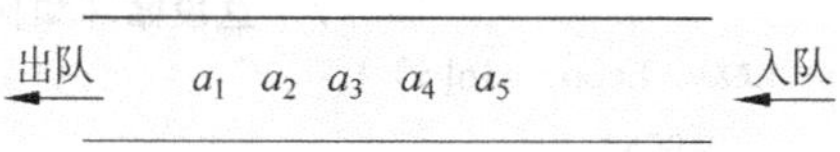

$$\overleftarrow{\text{出队}} \quad a_1 \ a_2 \ a_3 \ a_4 \ a_5 \quad \overleftarrow{\text{入队}}$$

图 4.1　队列示意图

显然,队列也是一种运算受限制的线性表,所以又称先进先出表,简称 FIFO 表。

在日常生活中队列的例子有很多,例如排队买东西,排在前面的买完后走掉,新来的排在队尾。在队列上进行的基本操作有队列的初始化、入队操作、出队操作、读队头元素、判队空操作。

二、实验目的

1. 掌握链接存储队列的进队和出队等基本操作。

2. 掌握环形队列的进队和出队等基本操作。

3. 加深对队列结构的理解,逐步培养解决实际问题的编程能力。

三、实验内容

(一) 基础题

1. 编写链接队列的基本操作函数:

(1) EnQueue(QUEUE ** head, QUEUE ** tail, int x)进队操作;

(2) DeQueue(QUEUE ** head, QUEUE ** tail, int * cp)出队操作;

(3) OutputQueue(QUEUE * head)输出队列中的元素。

2. 调用上述函数实现下列操作:

(1) 调用进队函数建立一个队列;

(2) 读取队列的第一个元素;

(3) 从队列中删除元素;

(4) 输出队列中的所有元素。

注:每完成一个步骤,必须及时地输出队列中的元素,以便于观察操作结果。

3. 编写环形队列的基本操作函数:

(1) EnQueue(int * queue, int maxn, int * head, int * tail, int x)

进队操作,返回 1 表示队满;

(2) DeQueue(int * queue, int maxn, int * head, int * tail, int * cp)

出队操作,返回 1 表示队空;

(3) OutputQueue(int * queue, int maxn, int h, int t)输出队列中的元素。

4. 调用上述函数实现下列操作:

(1) 调用进队函数建立一个队列;

(2) 读取队列的第一个元素;

(3) 从队列中删除元素;

(4) 输出队列中的所有元素。

注:每完成一个步骤,必须及时地输出队列中的元素,以便于观察操作结果。

（二）提高题

1．医务室模拟：

[**问题描述**]假设只有一个医生，在一段时间内随机地来了几个病人，假设病人到达的时间间隔为 0～14 分钟之间的某个随机值，每个病人所需的处理时间为 1～9 分钟之间的某个随机值，试用队列结构进行模拟。

[**实现要求**]要求输出医生的总等待时间和病人的平均等待时间。

[**程序设计思想**]计算机在模拟事件处理时，按模拟环境中事件出现的顺序逐一处理，在本程序中体现为医生逐个为到达的病人看病。当一个病人就诊完毕下一个病人还未到达时，时间立即推进为下一个病人，中间时间为医生空闲时间。若一个病人还未就诊完毕，另有一个病人到达，则这些病人依次排队，等候就诊。

2．招聘模拟：

[**问题描述**]某集团公司为发展生产向社会公开招聘 m 个工种的工作人员，每个工种各有不同的编号（0～$m-1$）和计划招聘人数，参加应聘人数有 n 个（编号为 0～$n-1$）。每位应聘者需申报两个工种，并参加公司组织的考试，公司将按照应聘者的成绩从高到低的顺序进行录取。公司的录取原则是，从高分到低分依次对每位应聘者先按其第一志愿录取；当不能按第一志愿录取时，便将他的成绩扣去 5 分，然后重新排队，并按其第二志愿录取。

程序为每个工种保留一个录取者的有序队列，录取处理循环直至招聘额满或已对所有应聘者做了录用处理。

[**实现要求**]要求程序输出每个工种的录用者信息（编号、成绩），以及落选者的信息（编号、成绩）。

[**程序设计思路**]程序按应聘者的成绩从高到低的顺序进行录取，如果某应聘者在第一志愿队列中落选，便将他的成绩扣去 5 分，然后重新排队，并按其第二志愿录取。程序为每个工种保留一个录取者的有序队列，录取处理循环直至招聘额满或已对所有应聘者做了录用处理。

四、参考程序

程序 1：基础题 1

```
# include < stdio. h >
# include < alloc. h >
typedef struct queue {                      /*定义队列结构*/
    int data;                               /*队列元素类型为 int*/
    struct queue * link;
}QUEUE;

void EnQueue( QUEUE ** head, QUEUE ** tail, int x )   /*进队操作*/
{
    QUEUE * p;
    p = (QUEUE *)malloc( sizeof(QUEUE) );
        ___①___
    p -> link = NULL;                       /*队尾指向空*/
    if( * head == NULL )                     /*队首为空，即为空队列*/
        ___②___
```

```
        else {
            ( * tail) -> link = p;                    /* 新单元进队列尾 */
            * tail = p;                               /* 队尾指向新入队单元 */
            }
    }


int DeQueue( QUEUE ** head, QUEUE ** tail, int * cp )    /* 出队操作,返回 1 为队空 */
{
    QUEUE * p;
        p = * head;
    if( * head == NULL )                              /* 队空 */
        return 1;
    * cp = ( * head) -> data;
    * head = _____③_____
    if( * head == NULL )                              /* 队首为空,队尾也为空 */
        * tail = NULL;
    free( p );                                        /* 释放单元 */
        return 0;
}


void OutputQueue( QUEUE * head )                       /* 输出队列中的元素 */
{
    While ( _____④_____ ) {
        printf( " % d ", head -> data );
        head = head -> link;
    }
        printf( "\n" );}
```

程序 2：基础题 2

```
void main()
{
    QUEUE * head, * tail;
    int op, i;
    head = tail = NULL;                               /* _____①_____ */
        while( 1 )
    {
        printf( "请选择操作,1: 进队;2: 出队;0: 退出 " );
        fflush( stdin );                              /* 清空标准输入缓冲区 */
        scanf( "% d", &op );
        switch( op ) {
            case 0:                                   /* 退出 */
                return 0;
            case 1:                                   /* 进队 */
                printf( "请输入进队元素:" );
                scanf( "% d", &i );
                _____②_____ ;
                printf( "队内元素为:\n" );
                OutputQueue( head );
                break;
            case 2:                                   /* 出队 */
```

```
            if(_____③_____ == 0 ) {              /* 出队成功 */
                printf( "出队元素为：[ %d]，队内元素为:\n", i );
                OutputQueue( head );
            }
            else
                printf( "队空\n" );
            break;
        }
    }
}
```

程序 3：基础题 3

```
# include < stdio. h >
# include < alloc. h >
# define MAXN 11                                    /* 定义环形顺序队列的存储长度 */
int EnQueue( int  * queue, int maxn, int  * head, int  * tail, int x )
                                                    /* 进队操作，返回 1 为队满 */
{
    if(_____①_____ ==  * head )              /* 队尾指针赶上队首指针，队满 */
        return 1;
        * tail = _____②_____                  /* 队尾指针 + 1 */
    queue[ * tail] = x;                             /* 元素入队尾 */
        return 0;
}


int DeQueue( int  * queue, int maxn, int  * head, int  * tail, int  * cp )
/* 出队操作，返回 1 为队空 */
{
    if(  * head ==  * tail )                        /* 队首 = 队尾，表明队列为空 */
        return 1;
     * head = (  * head + 1 ) % maxn;               /* 队首指针 + 1 */
        _____③_____                          /* 取出队首元素 */
        return 0;
}


void OutputQueue( int  * queue, int maxn, int h, int t )   /* 输出队列中的元素 */
{
    while(_____④_____ ) {
        h = ( h + 1 ) % maxn;
        printf( "% d ", queue[h] );
    }
        printf( "\n" );
}
```

程序 4：基础题 4

```
void main()
{
    int q[MAXN];                                   /* 假设环形队列的元素类型为 int */
    int q_h = 0, q_t = 0;                          /* 初始化队首，队尾指针为 0 */
        int op, i;
```

```
        while( 1 )
    {
        printf( "请选择操作,1: 进队; 2: 出队; 0: 退出 " );
        fflush( stdin );                              /* 清空标准输入缓冲区 */
        scanf( "%d", &op );
        switch( op ) {
            case 0:                                   /* 退出 */
                return 0;
            case 1:                                   /* 进队 */
                printf( "请输入进队元素:" );
                scanf( "%d", &i );
                if(_____①_____ != 0 )
                    printf( "队列满\n" );
                            else {
                    printf( "入队成功, 队内元素为:\n" );
                    OutputQueue( q, MAXN, q_h, q_t );
                            }
                break;
            case 2:                                   /* 出队 */
                if(_____②_____ == 0 ) {          /* 出队成功 */
                    printf( "出队元素为: [ %d ], 队内元素为:\n", i );
                    OutputQueue( q, MAXN, q_h, q_t );
                }
                else
                    printf( "队空\n" );
                break;
        }
    }
}
```

程序 5：提高题 1

```
# include < stdio. h >
# include < stdlib. h >
# include < alloc. h >
typedef struct {
    int arrive;                                    /* 病人到达时间 */
    int treat;                                     /* 病人处理时间 */
}PATIENT;
typedef struct queue {                             /* 定义队列结构 */
    PATIENT data;                                  /* 队列元素类型为 int */
    struct queue * link;
}QUEUE;

void EnQueue( QUEUE ** head, QUEUE ** tail, PATIENT x )    /* 进队操作 */
{
    /* 编写进队操作子程序 */
}

int DeQueue( QUEUE ** head, QUEUE ** tail, PATIENT * cp )          /* 出队操作,返回 1 为队空 */
```

```
{
    /*编写出队操作子程序*/

}

void OutputQueue( QUEUE * head )                 /*输出队列中的元素*/
{
    while(_____①_____) {
    printf( "到达时间:[%d] 处理时间:[%d]\n", head->data.arrive, head->data.treat );
        head = head->link;
    }
}

void InitData( PATIENT * pa, int n )             /*生成病人到达及处理时间的随机数列*/
{
    int parr = 0;                                /*前一个病人到达的时间*/
        int i;
    for( i = 0; i < n; i++) {
        pa[i].arrive = parr + random( 15 );      /*假设病人到达的时间间隔为0~14*/
        pa[i].treat = random( 9 ) + 1;           /*假设医生的处理时间为1~9*/
        parr = pa[i].arrive;
printf( "第[%d]个病人到达的时间为[%d],处理时间为[%d]\n", i+1, parr, pa[i].treat );
        }
}

void main()
{
    QUEUE * head, * tail;
        PATIENT * p, curr;                       /*病人到达及处理时间信息,当前出队病人信息*/
    int n, i, finish;
    int nowtime;                                 /*时钟*/
    int dwait, pwait;                            /*医生累计等待时间,病人累计等待时间*/
        head = tail = NULL;                      /*将队列头和尾置为空*/
        while(_____①_____)
    {
        n = 0;
        nowtime = dwait = pwait = 0;
        printf( "请输入病人总数(1~20), = 0: 退出 " );
        scanf( "%d", &n );
        if( n == 0 )                             /*退出*/
            return;
        if( n > 20 || n < 0 )
                continue;
        if( ( p = ( PATIENT * )malloc( n * sizeof( PATIENT ) ) ) == _____②_____ )
        {   printf( "内存申请错误\n" );
            return;
        }
        _____③_____                        /*生成病人到达及处理时间的随机数列*/
        for( i = 0;_____④_____; ) {       /*病人到达未结束上一个诊断或还有等待,处理*/
            if( head == NULL ) {                 /*等待队列为空*/
                if(p[i].arrive - nowtime > 0)    /*病人到达时间比上次处理时间迟*/
```

```
                    ⑤                    /* 累计医生等待时间 */
            nowtime = p[i].arrive;       /* 时钟推进 */
                    ⑥                    /* 病人入队 */
        }
        DeQueue( &head, &tail, &curr );   /* 一个病人出队 */
                ⑦                        /* 累计病人等待时间 */
        finish = nowtime + curr.treat;   /* 当前病人处理结束时间 */
        while( i < n && p[i].arrive <= finish )
            /* 下一个病人到达时间在当前病人等待时间结束之前, 入队 */
                ⑧
        nowtime = finish;                /* 时钟推进到当前病人处理结束时间 */
    }
    free( p );                           /* 释放空间 */
    printf( "医生等待时间[ % d], 病人平均等待时间[ % .2f]\n", dwait, (float)pwait/n );
    }
}
```

程序 6：提高题 2

```
# include < stdio. h >
# include < stdlib. h >
# include < alloc. h >
# define DEMARK 5                /* 按第二批录用的扣分成绩 */
typedef struct stu {             /* 定义招聘人员信息结构 */
    int no, total, z[2], sortm, zi;   /* 编号、总成绩、志愿、排除成绩、录取志愿号 */
    struct stu * next;
}STU;
typedef struct job{
    int lmt, count;              /* 计划录用人数, 已录用人数 */
    STU * stu;                   /* 录用者有序队列 */
}JOB;
STU * head = NULL, * over = NULL;
int all;
void OutPutStu( STU * p )         /* 输出应聘人员有序队列中的编号和成绩 */
{
    for( ;        ①        ; p = p -> next )
        printf( "% d( % d)\t", p -> no, p -> total );
}


void FreeStu( STU ** p )          /* 释放应聘人员空间 */
{
    STU * q;
    while( * p != NULL ) {
        q = * p;
                ②
        free( q );
        }
}


void Insert( STU ** p, STU * u )    /* 按排除成绩从大到小的顺序插队 */
{
```

```
    STU  * v, * q;                     /* 插队元素的前、后元素指针 */
    for( q = * p; q != NULL; v = q, q = q->next )
        if(_____③_____)          /* 队中工人成绩<插入元素成绩 */
            break;
    if( q == * p )                      /* 插入到队首 */
        * p = u;
    else                                /* 不插入到队首 */
        _____④_____
        u->next = q;                    /* 新元素的后继元素指针 */
}


int InitJob( JOB ** h, int n, int * all )   /* 随机生成工种信息 */
{
    int i;
        JOB * p;
    * all = 0;
        printf( "工种信息{工种号(计划招聘人数)}\n" );
    if( ( p = ( JOB * )malloc( n * sizeof( JOB ) ) ) == NULL ) {
        printf( "内存申请错误!\n" );
        return -1;
    }
    for( i = 0; i < n; i++) {
        p[i].lmt = random( 10 ) + 1; /* 假设工种招聘人数为 1~10 */
        p[i].count = 0;
         p[i].stu = NULL;
         * all += p[i].lmt;
         printf( "%d(%d)\t", i, p[i].lmt );
    }
    printf( "\n总招聘人数[%d]\n", * all );
    * h = p;
        return 0;
}


int InitStu( STU ** h, int n, int m )   /* 随机生成应聘人员信息 */
{
    STU * p;
    int i;
        printf( "应聘人员信息{编号, 成绩, 志愿1, 志愿2}\n" );
    for( i = 0; i < n; i++) {
        if( ( p = ( STU * )malloc( sizeof( STU ) ) ) == NULL ) {
            printf( "内存申请错误!\n" );
            return -1;
                }
        p->no = i;
        p->total = p->sortm = random( 201 );
        p->z[0] = random( m );      /* 应聘人员第一志愿: 0 ~ m-1 */
        p->z[1] = random( m );      /* 应聘人员第二志愿: 0 ~ m-1 */
        p->zi = 0;                  /* 录取志愿初始化为 0, 即第一志愿 */
        printf( "%d, %3d, %d, %d\t", i, p->total, p->z[0], p->z[1] );
                Insert( h, p );
    }
```

```
            printf( "\n" );
                return 0;
        }


        void main()
        {
            int m;                        /*工种总数, 编号为 0 ~ m-1 */
            int n;                        /*应聘人员总数*/
            JOB * rz;
            int all;                      /*计划招聘人员总数*/
            STU * head = NULL, * over = NULL;   /*应聘人员队列, 落聘人员队列*/
            STU * p;
             int i;
             while( 1 )
            {
                m = n = 0;
                printf( "请输入工种总数(1~20), = 0: 退出 " );
                scanf( "% d", &m );
                if( m == 0 )              /*退出*/
                    return;
                if( m > 20 || m < 0 )
                            continue;
                if(_____⑤_____ != 0 )      /*生成工种信息*/
                    return;
                printf( "\n请输入应聘人员总数(5~400), = 0: 退出 " );
                scanf( "% d", &n );
                if( n == 0 )              /*退出*/
                    return;
                if( n < 5 || n > 400 ) {
                            free( rz );    /*释放工种信息空间*/
                    continue;
                        }
                if(_____⑥_____ != 0 )      /*生成应聘人员信息*/
                    return;
                        printf( "\n应聘人员队列\n" );
                OutPutStu( head );
                While(_____⑦_____ ) {      /*当人员没招满且队列不为空时*/
                    p = head;             /*取应聘人员队首指针*/
                    head = head->next;    /*队首指针下移*/
                    i = p->z[ p->zi ];    /*取该应聘人员的应聘工种号*/
                    if( rz[i].count < rz[i].lmt ) {  /*该工种人员没招满*/
                        rz[i].count++;
                            _____⑧_____
                        all-- ;
                        continue;
                    }
                    if( p->zi >= 1 ) {
                        p->next = over;    /*该工人入落聘者队列*/
                        over = p;
                        continue;
                    }
```

```
        p->sortm -= DEMARK;      /* 该工种已招满,工人分数降档 */
        p->zi = 1;               /* 该工人改为第二志愿 */
        _____⑨_____           /* _____⑩_____ */
    }
    for( i = 0; i < m; i++) {    /* 打印各工种招聘情况 */
        printf( "\n工种[%d]招聘情况\n", i );
        OutPutStu( rz[i].stu );
        printf( "\n" );
    }
    printf( "\n落聘人员\n" );
    OutPutStu( head );
    OutPutStu( over );
    printf( "\n" );
    for( i = 0; i < m; i++)      /* 释放各工种招聘人员空间 */
        FreeStu( &rz[i].stu );
        _____⑪_____           /* 释放落聘人员空间 */
    FreeStu( &over );            /* 释放落聘人员空间 */
    free( rz );                  /* 释放工种信息空间 */
    }
}
```

实验 5　数组的基本操作

一、数组的逻辑结构

数组是我们很熟悉的一种数据结构,可以看做是线性表的推广。数组作为一种数据结构其特点是结构中的元素本身可以是具有某种结构的数据,但属于同一数据类型。例如一维数组可以看做一个线性表,二维数组可以看做"数据元素是一维数组"的一维数组,三维数组可以看做"数据元素是二维数组"的一维数组,以此类推。图 5.1 是一个 m 行 n 列的二维数组。

$$A = \begin{pmatrix} a_{11} & a_{12} & \cdots & a_{1n} \\ a_{21} & a_{22} & \cdots & a_{2n} \\ \cdots & \cdots & \cdots & \cdots \\ a_{m1} & a_{m2} & \cdots & a_{mn} \end{pmatrix}$$

图 5.1　m 行 n 列的二维数组

数组是一个具有固定格式和数量的数据有序集,每一个数据元素都有唯一的一组下标来标识,因此在数组上不能做插入、删除数据元素的操作。在各种高级语言中,数组一旦被定义,每一维的大小及上、下界都不能再改变,在数组中通常做下面两种操作。

(1) 取值操作:给定一组下标,读其对应的数据元素。

(2) 赋值操作:给定一组下标,存储或修改与其相对应的数据元素。

二、实验目的

1. 掌握一维数组和二维数组的定义、赋值和输入/输出等基本操作。

2. 加深对数组结构的理解,逐步培养解决实际问题的编程能力。

3. 掌握与数组有关的算法。

三、实验内容

(一)基础题

1. [**问题描述**]已知 Fibonacci 数列为 $0,1,1,2,3,\cdots$,即

Fib(0) = 0,
Fib(1) = 1,
Fib(n) = Fib(n - 1) + Fib(n - 2)

试编程求 Fibonacci 数列中的前 20 项。

[**实现要求**]要求用数组存放、按一行 5 个数输出。

2. 试通过循环,按行顺序为一个 $5 * 5$ 的二维数组 A 赋 $1\sim25$ 的自然数,然后输出该数组的左下半三角。

(二)提高题

[**问题描述**]有下列多项式:

$$(2.3x^4 - 2x^2 + 3.1x + 5) + (3.2x^3 + 2x^2 + 7) = 2.3x^4 + 3.2x^3 + 3.1x + 12$$

要求利用辗转相除法求两个多项式的最大公因式。其中,多项式的系数按幂次由高到低的顺序存于一个数组中,多项式的幂次存于一个变量中。

[**实现要求**]已知其中第一项的系数存于数组 A 中,第二项的系数存于数组 B 中,要求相加后的多项式系数存于数组 A 中。

[**程序设计思路**]用其中的一个多项式去除另一个多项式,然后将所得余式变成除式,原除式变成被除式。如此反复相除,直到余式为 0 时,最后的除式即为最大公因式。

四、参考程序

程序 1:基础题 1

```c
#include< stdio.h>
#define MAX 20
void main()
{
    int i;
    int fib[MAX];
    fib[0] = 0;
    fib[1] = 1;
    for( i = 2; i < MAX; i++)
        fib[i] = fib[i-1] + fib[i-2];
    for( i = 0; i < MAX; i++)              /* 输出格式: 每个数字以 Tab 键分隔, 5 个为一行 */
        printf( "%d%c", fib[i], (i%5) == 4 ? '\n': '\t');
}
```

程序 2:基础题 2

```c
#include< stdio.h>
#define MAX 5
```

```c
void main()
{
    int i, j, n = 1;
    int a[MAX][MAX];
    for( i = 0;_____①_____;i++)
        for( j = 0; j < MAX; j++)
            _____②_____;
    for( i = 0; i < MAX; i++) {
        for( j = 0;_____③_____; j++)
            printf( "% d\t", a[i][j] );
        printf( "\n" );
    }
}
```

程序 3：提高题

```c
# include < stdio. h >
# include < alloc. h >
# define MIN 0.00005                    /* 定义近似于 0 的值 */
/* 已知两多项式的系数和幂次，返回最大公因式的幂次，在 * q 中得到系数表的首指针 */
int Remainder( double * pa, int an, double * pb, int bn, double ** q )
{
double x, * temp;
int k, j;
if( an < bn ) {                        /* 使多项式 a(x) 的幂次不低于多项式 b(x) 的幂次 */
    temp = pa;
    _____①_____;
    pb = temp;                         /* 使 pa、pb 值互换 */
    k = an;
    an = bn;
    bn = k;                            /* 使 an、bn 值互换 */
}
while( 1 ) {
    while( * pb < MIN && * pb > - MIN && bn > 0 ) {
                                       /* 忽略多项式 b(x) 最高次系数为 0 的项 */
        bn -- ;
        pb ++ ;
    }
    if( * pb < MIN && * pb > - MIN &&_____②_____)     /* 多项式 b(x) 为 0，退出循环 */
        break;                         /* 请注意浮点型变量的判断为零方式 */
    if( bn < 0 ) {                     /* 无最大公因式 */
        * q = pb;
        return 0;
    }
    k = 0;
    x = * pb;
    while( k <= bn )                   /* 使多项式 b(x) 的最高次项系数为 1 */
        pb[k++] /= x;
    for( k = 0; k <= an - bn; k++) {   /* 求 a(x)/b(x)，商多项式有 an - bn + 1 项 */
        x = pa[k];                     /* 商多项式的当前项系数 x = pa[k] */
        for( j = 0;_____③_____; j++)    /* 从 a(x) 中减去 x * b(x) */
```

```
                    ④        ;           /* pa[k]应置 0, 但不再使用, 故未置 0 */
        }
        temp = pa;
        pa =        ⑤        ;
        pb =        ⑥        ;           /* b(x) = { a(x) / b(x) 后的余数多项式 } */
        an =        ⑦        ;           /* 余数多项式的幂次为除数多项式幂次 - 1 */
    }
            ⑧        ;
    return an;                           /* 返回多项式的幂次 */
}


int Input( double ** p, int * n, char * note )                  /* 多项式输入函数 */
{
int i;
    double * pa;
printf( "请输入多项式 %s 的幂次, <= 0 退出 ", note );
scanf( "%d", n );
if( *n <= 0 )
    return 1;
if( ( pa = (double *)malloc( ( *n + 1 ) * sizeof(double) ) ) == NULL ) {
    printf( "内存申请错误\n" );
return -1;
}
for( i = *n; i >= 0; i-- ) {
    printf( "请输入多项式 %s %d 次幂的系数 ", note, i );
    scanf( "%lf", pa + i );
}
*p = pa;
return 0;
}


void Print( double * q, int n )         /* 输出最大公因式表达式 */
{
int i;
for( i = n; i >= 1; i-- )
    if( q[i] > MIN || q[i] < -MIN )
        printf( "%.4lfX%d ", q[i], i );
if( q[0] > MIN || q[0] < -MIN )
    printf( "%.4lf", q[0] );
    printf( "\n" );
}


void main()
{
double * pA, * pB;                      /* 多项式 A(x)、B(x)的系数数组 */
    double * q;                         /* 最大公因式系数 */
int An, Bn;                             /* 多项式 A(x), B(x)的幂次 */
    int n;
while( 1 ) {
    if(        ⑨        )
        return;
```

```
    if( Input( &pB, &Bn, "B(x)" ) != 0 )
        return;
    printf( "\n 表达式 A(x)的格式为\n" );
    Print( pA, An );
    printf( "\n 表达式 B(x)的格式为\n" );
    Print( pB, Bn );
    n = _____⑩_____;
    printf( "\n 最大公因式表达式为\n" );
    Print( q, n );                          /* 输出最大公因式表达式 */
    free( pA );
    free( pB );
    }
}
```

实验 6　字符串的基本操作

一、串的基本概念

串(即字符串)是一种特殊的线性表,它的数据元素仅由一个字符组成,计算机非数值处理的对象经常是字符串数据。例如在汇编和高级语言的编译程序中,源程序和目标程序都是字符串数据；在事务处理程序中,顾客的姓名、地址,货物的产地、名称等,一般也是作为字符串处理的。

(一) 串的定义

串是由零个或多个任意字符组成的字符序列,一般记为：

$$s = "a_1 \ a_2 \ \cdots \ a_n"$$

其中,s 是串名。在本书中,用双引号作为串的定界符,用引号引起来的字符序列为串值,引号本身不属于串的内容。$a_i(1 \leqslant i \leqslant n)$ 是一个任意字符,称为串的元素,是构成串的基本单位,i 是它在整个串中的序号；n 为串的长度,表示串中所包含的字符个数,当 $n=0$ 时称为空串,通常记为 $\varnothing$。

(二) 几个术语

子串与主串：串中任意连续的字符组成的子序列称为该串的子串,包含子串的串相应地称为主串。

子串的位置：子串的第一个字符在主串中的序号称为子串的位置。

串相等：称两个串相等是指两个串的长度相等并且对应字符也相等。

二、实验目的

1. 掌握字符串的基本操作。
2. 掌握字符串函数的基本使用方法。
3. 加深对字符串的理解,逐步培养解决实际问题的编程能力。

三、实验内容

(一) 基础题

1. [问题描述]采用顺序结构存储串,编写一个函数 substring(str1,str2),用于判定

str2 是否为 str1 的子串。

[程序设计思路]设 str1$="a_0a_1\cdots a_m"$，str2$="b_0b_1\cdots b_n"$。从 str1 中找出与 b_0 匹配的字符 a_i，若 $a_i=b_0$，则判定 $a_{i+1}=b_1$、$\cdots$、$a_{i+n}=b_n$，若都相等，则结果是子串，否则继续比较 a_i 之后的字符。

2. [问题描述]编写一个函数，实现在两个已知字符串中找出所有非空最长公共子串的长度和最长公共子串的个数。

[实现要求]输出非空最长公共子串的长度和最长公共子串的个数。

[程序设计思路]设两个字符串的首指针分别为 str1 和 str2，它们的长度分别记为 len1 和 len2。不失一般性，设有 len1≥len2，则它们最长的公共子串长度不会超过 len2。程序为找最长的公共子串，考虑找指定长度的所有公共子串的子问题。在指定长度从 len2 开始逐一递减的寻找过程中，一旦找到了公共子串，程序最先找到的公共字符串就是最长公共子串。

（二）提高题

[问题描述]对预处理后的正文进行排版输出。假定预处理后的正文存放在字符串 s 中，s 由连续的单词组成，单词由连续的英文字母组成。在预处理过程中已产生以下信息：变量 nw 存放正文中单词的个数，数组元素 sl(i)存放正文中第 i 个单词在 s 中的字符位置，sn(i)存放正文中第 i 个单词的长度。规定 s 中的字符位置从 1 开始计数，每个字符占一个位置。字符串 s 中的某个单词可以用以下子串形式来存取：s(单词起始位置：单词终止位置)，并规定在字符串（或子串）赋值时，赋值号两端的字符串（或子串）长度必须相等。

[实现要求]

（1）每行输出 80 个字符；

（2）一个单词不能输出在两行中；

（3）除最后一行外，所有输出既要左对齐又要右对齐，即每行的第一个字符必须是某个单词的第一个字母，最后一个字符必须是某个单词的最后一个字母；

（4）单词之间必须有一个或一个以上的空格；

（5）最后一行只需左对齐，且单词之间均只有一个空格；

（6）使空格尽可能地均匀分布在单词之间，即同一行中相邻单词间的空格数最多相差 1。

四、参考程序

程序 1：基础题 1

```c
#include < stdio. h >
#include < string. h >
/* 简单模式匹配算法 */
int simple_match( char * t, char * p )
{
    int n, m, i, j, k;
    n = strlen( t );
    m = strlen( p );
    for( j = 0;        ①        ; j++) {          /* 顺序考察从 t[j]开始的子串 */
```

```
        for( i = 0;_____②_____; i++ )
                                        /* 从 t[j]开始的子串与字符串 p 做比较 */
            if( i == m )                /* 匹配成功 */
                return 0;
        }
        return 1;                       /* 匹配失败 */
    }


void main( )
{
    char * s1[ ] = { "Abcabc", "Abc123ab", "eeefffg" };
    char * s2[ ] = { "aBc", "c123", "fge" };
    int i;
    for( i = 0; i < 3; i++ ) {
        printf( "长字符串[ % s] 匹配子串[ % s] ", s1[i], s2[i] );
        if(_____③_____)
            printf( "  匹配成功\n" );
        else
            printf( "匹配失败\n" );
    }
}
```

程序 2：基础题 2

```
# include < stdio. h >
# include < string. h >
int commstr( char * str1, char * str2, int * lenpt )
{
    int len1, len2, ln, count, i, k, p;
    char * st, form[20];
    if( ( len1 = strlen(str1) ) < ( len2 = strlen(str2) ) ) {     /* 使 str1 的长度不小于 str2 */
        st = str1;
        str1 = str2;
        str2 = st;
        ln = len1;
        len1 = len2;
        len2 = ln;
    }
    count = 0;
    for(_____①_____; ln > 0; ln-- ) {                     /* 找长为 ln 的公共子串 */
        for( k = 0;_____②_____; k++ ) {
                            /* 自 str2[k]开始的长为 ln 的子串与 str1 中的子串做比较 */
            for( p = 0; p + ln <= len1; p++ ) {
            /* str1 中的子串自 str1[p]开始，两子串的比较通过对应字符逐一比较实现 */
                for( i = 0;_____③_____; i++ )
                if( i == ln ) {       /* 找到一个最长公共子串 */
                    sprintf( form, "子串 % % d[ % % % d. % ds]\n", ln, ln );
                    printf( form, ++count, str2 + k );
                }
            }
        }
```

```
    }
        if(_____④_____)
            break;
    }
    _____⑤_____;
        return count;
}


void main()
{
    int c, len;
    c = commstr( "Abc1AbcsAbcd123", "123Abc", &len );
        printf( "共有%d个长为%d的公共子串\n", c, len );
}
```

程序 3：提高题

```
#include <stdio.h>
#include <string.h>
/*正文排版输出函数,s为预处理后的正文,nw为单词个数,sl为单词在s中的起始位置,sn为单词
长度*/
void paiban( char *s, int nw, int *sl, int *sn )
{
    int i, j, n, k, lnb, ln, m, ln1, lnw;
        char info[81];
        ln = sn[0];                    /*一行中的单词长度之和(包括每个单词间的一个空格)*/
    for( i=1,j=0; i<nw; i++) {     /*循环输出至最后一行前*/
        ln1 = ln + 1 + sn[i];
        if(_____①_____)
            ln = ln1;
        else {
            n = 80 - ln;
            lnw = _____②_____;    /*每个单词间隔的空格*/
            lnb = _____③_____;    /*按lnw个间隔排版后还多余的空格*/
            for( k = 0; k < 80; k++)  /*将行输出内容初始化成全部空格*/
                info[k] = ' ';
            info[80] = '\0';
            k = 0;                     /*k值为下一个单词在行中的起始位置*/
            while( j < i ) {                      /*在一行中输出第j个至第i个单词*/
                for( m = 0; m < sn[j]; m++)              /*将单词复制到行中*/
                    _____④_____ = s[ sl[j] + m ];
                k += _____⑤_____;                  /*设置下一单词位置*/
                if( lnb > 0 ) {        /*该行中还有多余的空格*/
                    k++;
                    _____⑥_____;
                }
                j++;
            }
            printf( "%s", info );
            ln = sn[i];
        }
```

```
    }
    for( k = 0; k < 80; k++)
        info[k] = ' ';
    info[80] = '\0';
    k = 0;
    while(_____⑦_____ ) {
        for( m = 0; m < sn[j]; m++)
            info[k + m] = s[ sl[j] + m ];
        k += 1 + sn[j];
        j++;
    }
    printf( "%s\n", info );
}


void main()
{
    int i;
    char form[10];
    char str[] = "maggie\
    is\
    trying\
    hard\
    tolearn\
    english\
    spanishisthe\
    language\
    ofherthoughts\
    anddreamsinshcool\
    sheisquietandsad\
    andsometimes\
    angryshemovesalone\
    fromonefourth - grade\
    classtoanother\
    thengoeshometowait\
    forherparents\
    toreturnfromwork\
    wayafterdark\
    shehasnot\
    beenhappysinceshemovetowashington\
    fromperu\
    expertssaythat\
    gamesandactivitys\
    are\
    the";
    int sn[] = {5,6,7,8,9,10,11,12,13,14,15,16,17,18,19,
        20,21,22,23,24,25,26,4,3,2,1};
        int sl[] = {0,5,11,18,26,35,45,56,68,81,95,110,126,143,161,
        180,200,221,243,266,290,315,341,345,348,350};
        printf( "正文内容为:\n\n" );
    for( i = 0; i < 26; i++) {
        sprintf( form, "%%%d. %ds ", sn[i], sn[i] );
```

```
            printf( form, &str[sl[i]] );
        }
        printf( "\n\n排版后输出内容为:\n\n" );
        paiban( str, 26, sl, sn );
    }
```

实验 7 二叉树的基本操作

一、二叉树的基本概念

二叉树(Binary Tree)是一个有限元素的集合,该集合或者为空,或者由一个被称为根(Root)的元素及两个不相交的、被分别称为左子树和右子树的二叉树组成。当集合为空时,称该二叉树为空二叉树。在二叉树中,一个元素也称为一个结点。

二叉树是有序的,若将其左、右子树颠倒,就成为另一棵不同的二叉树。另外,即使树中结点只有一棵子树,也要区分它是左子树还是右子树。二叉树具有 5 种基本形态,如图 7.1 所示。

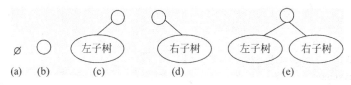

图 7.1 二叉树的 5 种基本形态

二叉树有顺序存储结构和链式存储结构两种实现方式,本实验采用链式存储结构。

二、实验目的

1. 掌握二叉树链表的结构和二叉排序树的建立过程。

2. 掌握二叉排序树的插入和删除操作。

3. 加深对二叉树的理解,逐步培养解决实际问题的编程能力。

三、实验内容

(一) 基础题

1. 编写二叉排序树的基本操作函数:

(1) SearchNode(TREE * tree, int key, TREE ** pkpt, TREE ** kpt)查找结点函数;

(2) InsertNode(TREE ** tree, int key)二叉排序树插入函数;

(3) DeleteNode(TREE ** tree, int key)二叉排序树删除函数。

2. 调用上述函数实现下列操作:

(1) 初始化一棵二叉树;

(2) 调用插入函数建立一棵二叉排序树;

(3) 调用查找函数在二叉树中查找指定的结点;

（4）调用删除函数删除指定的结点，并动态显示删除结果。

注：要求动态显示二叉树的建立过程。

（二）提高题

[问题描述]已知以二叉树链表作为存储结构，试编写按中序遍历并打印二叉树的算法。

[程序设计思路]采用一个栈，先将二叉树的根结点入栈，若它有左子树，便将左子树的根结点入栈，直到左子树为空，然后依次退栈并输出结点值；若输出的结点有右子树，便将右子树的根结点入栈，如此循环入栈、退栈，直到栈为空为止。

四、参考程序

程序 1：基础题 1

```
typedef struct tree {              /* 定义树的结构 */
    int data;                      /* 假定树的元素类型为 int */
    struct tree * lchild;          /* 左孩子 */
    struct tree * rchild;          /* 右孩子 */
}TREE;
typedef struct stack {             /* 定义链接栈结构 */
    TREE * t;                      /* 栈结点元素为指向二叉树结点的指针 */
    int flag;                      /* 后序遍历时用到该标志 */
    struct stack * link;           /* 栈结点链接指针 */
}STACK;

void push( STACK ** top, TREE * tree )   /* 树结点入栈 */
{
        STACK * p;                 /* 工作指针 */
    p = (STACK *)malloc( sizeof(STACK) );  /* 申请栈结点 */
    p->t = tree;                   /* 根结点进栈 */
    p->link = * top;               /* 新栈结点指向栈顶 */
     * top = p;                    /* 栈顶为新结点 */
}

void pop( STACK ** top, TREE ** tree )   /* 出栈，栈内元素赋值给树结点 */
{
    STACK * p;                     /* 工作指针 */
    if( * top == NULL )            /* 空栈 */
        * tree = NULL;
    else {                         /* 栈非空 */
        * tree = ( * top)->t;      /* 栈顶结点元素赋值给树结点 */
        p = * top;
        * top = ( * top)->link;    /* 栈顶指向下一个链接，完成出栈 */
        free( p );                 /* 释放栈顶结点空间 */
    }
}

void SearchNode( TREE * tree,      /* 查找树的根结点 */
    int key,                       /* 查找键值 */
    TREE ** pkpt,                  /* 返回键值为 key 结点的父结点的指针 */
    TREE ** kpt )                  /* 返回键值为 key 结点的指针 */
```

```
{
    * pkpt = NULL;                  /* 初始化为查找结点不存在 */
    * kpt = tree;                   /* 从根结点开始查找 */
    while(_____①_____ ) {
        if(_____②_____ == key )   /* 找到 */
            return;
        * pkpt = * kpt;             /* 当前结点作为 key 键值的父结点,继续查找 */
        if( key < ( * kpt) -> data )     /* 键值小于当前结点,查左子树 */
            _____③_____ ;
        else                        /* 键值大于当前结点,查右子树 */
            _____④_____ ;
    }
}

int InsertNode( TREE ** tree, int key )
/* 在查找树上插入新结点,返回 1 表示该键值结点已存在,返回 -1 表示内存申请失败 */
{
    TREE * p, * q, * r;
    SearchNode( * tree, key, &p, &q );/
    if(_____⑤_____ )           /* 找到相同键值的结点,不插入 */
        return 1;
    if( (r = (TREE * )malloc( sizeof(TREE) ) ) == NULL )        /* 申请新结点空间 */
        return - 1;
        _____⑥_____ ;
    r -> lchild = r -> rchild = NULL;/* 新结点的左、右子树为空 */
    if( p == NULL )                 /* 如果为空树,新结点为查找树的根结点 */
        * tree = r;
    else if( p -> data > key )      /* 父结点的键值大于新结点 */
        _____⑦_____ ;          /* 新结点为左孩子 */
    else
        _____⑧_____ ;          /* 新结点为右孩子 */
    return 0;
}


int DeleteNode( TREE ** tree, int key )
                                /* 在查找树上删除结点,返回 1 表示该键值结点不存在 */
{
    TREE * p, * q, * r;
    SearchNode( * tree, key, &p, &q );
    if( q == NULL )                 /* 该键值结点不存在 */
        return 1;
    if( p == NULL )                 /* 被删结点为父结点 */
        if( q -> lchild == NULL )   /* 被删结点无左子树,则其右子树作为根结点 */
            * tree = _____⑨_____ ;
        else {                      /* 被删结点有左子树,则将其左子树作为根结点 */
            * tree = _____⑩_____ ;
            r = q -> lchild;
            while( r -> rchild != NULL )
            /* 寻找被删结点左子树按中序遍历的最后结点 */
                r = r -> rchild;
            _____⑪_____ ;      /* 被删结点的右子树作为找到结点的右子树 */
        }
```

```c
        else if(_____⑫_____)        /* 被删结点不是根结点,且无左子树 */
            if( q == p->lchild )
/* 被删结点为其父结点的左子结点,将其右子树作为父结点的左子树 */
                p->lchild = q->rchild;
        else                  /* 被删结点为其父结点的右子结点,将其右子树作为父结点的右子树 */
                _____⑬_____;
        else {                          /* 被删结点不是根结点,且有左子树 */
            r = q->lchild;
            while( r->rchild != NULL )
            /* 寻找被删结点左子树按中序遍历的最后结点 */
                r = r->rchild;
            _____⑭_____;               /* 被删结点的右子树作为找到结点的右子树 */
            if(_____⑮_____)
            /* 被删结点是其父结点的左子结点,将其左子树作为父结点的左子树 */
                p->lchild = q->lchild;
            else
            /* 被删结点为其父结点的右子结点,将其右子树作为父结点的右子树 */
                p->rchild = q->lchild;
        }
        free( q );                        /* 释放被删结点的内存空间 */
        return 0;
}


void OutputTree( TREE * tree )
    /* 层次打印树结点, 中序遍历,采用链接栈的迭代方法 */
{
    STACK * top;                    /* 栈顶指针 */
    int deep = 0, no = 0, maxdeep = 0;   /* 初始化树深度和遍历序号为 0 */
    top = NULL;                     /* 初始化为空栈 */
    while(_____①_____) {        /* 循环条件为二叉树还未遍历完,或栈非空 */
        while( tree != NULL ) {     /* 二叉树还未遍历完 */
            _____②_____;         /* 树结点入栈 */
            top->flag = ++deep;
            if( maxdeep < deep )
                maxdeep = deep;
            _____③_____;          /* 沿左子树前进,将经过的结点依次进栈 */
        }
        if( top != NULL ) {          /* 左子数入栈结束,且栈非空 */
            deep = _____④_____;
            no++;
            _____⑤_____;          /* 树结点出栈 */
            gotoxy( no * 4, deep + 2 );
            printf(_____⑥_____);   /* 访问根结点 */
            fflush( stdout );
            _____⑦_____;          /* 向右子树前进 */
        }
    }
    gotoxy( 1, maxdeep + 3 );
    printf( "任意键继续\n" );
    getch();
}
```

程序 2：基础题 2

/＊本程序实现了二叉查找树的建立、查找结点、删除结点，以及中序遍历、先序遍历、后序遍历的递归和迭代方法＊/

```c
# include < stdio. h>
# include < alloc. h>
# include < conio. h>
void main()
{
    TREE * t;                      /＊定义树＊/
        int op = - 1, i, ret;
        t = NULL;                  /＊初始化为空树＊/
    while( op != 0 )
    {
        printf( "请选择操作,1:增加树结点；2:删除树结点；0:结束操作 " );
        fflush( stdin );           /＊清空标准输入缓冲区＊/
        scanf( "% d", &op );
        switch( op ) {
            case 0:                /＊退出＊/
                break;
            case 1:                /＊增加树结点＊/
                printf( "请输入树结点元素: " );
                    scanf( "% d", &i );
                switch( _____①_____ ) {
                    case 0:        /＊成功＊/
                        clrscr();

                        gotoxy( 1, 1 );
                        printf( "成功,树结构为:\n" );
                        OutputTree( t );
                        break;
                    case 1:
                        printf( "该元素已存在" );
                        break;
                    default:
                        printf( "内存操作失败");
                                        break;
                }
                            break;
            case 2:                     /＊删除结点＊/
                printf( "请输入要删除的树结点元素: " );
                    scanf( "% d", &i );
                if( _____②_____ ) {/＊删除成功＊/
                    clrscr();
                    gotoxy( 1, 1 );
                    printf( "删除成功, 树结构为:\n"  );
                    OutputTree( t );
                }
                else
                    printf( "该键值树结点不存在\n" );
                break;
```

```
            }
        }
```

程序 3：提高题

```
void OutputTree( TREE * tree )
    /* 层次打印树结点，中序遍历，采用链接栈的迭代方法 */
{
    STACK * top;                        /* 栈顶指针 */
    int deep = 0, no = 0, maxdeep = 0;  /* 初始化树深度和遍历序号为 0 */
    top = NULL;                         /* 初始化为空栈 */
    while(_____①_____) {          /* 循环条件为二叉树还未遍历完，或栈非空 */
        while( tree != NULL ) {         /* 二叉树还未遍历完 */
                    ②        ;          /* 树结点入栈 */
            top -> flag = ++deep;
            if( maxdeep < deep )
                maxdeep = deep;
                    ③        ;          /* 沿左子树前进，将经过的结点依次进栈 */
        }
        if( top != NULL ) {             /* 左子树入栈结束，且栈非空 */
            deep = _____④_____ ;
            no++;
                    ⑤        ;          /* 树结点出栈 */
            gotoxy( no * 4, deep + 2 );
            printf(_____⑥_____); /* 访问根结点 */
            fflush( stdout );
                    ⑦        ;          /* 向右子树前进 */
        }
    }
    gotoxy( 1, maxdeep + 3 );
    printf( "任意键继续\n" );
    getch();
}
```

实验 8　树的遍历和哈夫曼树

一、二叉树的遍历

　　二叉树的遍历是指按照某种顺序访问二叉树中的每个结点,使每个结点被访问一次且仅被访问一次。

　　遍历是二叉树中经常要用到的一种操作,因为在实际应用问题中经常需要按一定的顺序对二叉树中的每个结点进行访问,查找具有某一特点的结点,然后对这些满足条件的结点进行处理。

　　通过一次完整的遍历,可以使二叉树中的结点信息由非线性序列变为某种意义上的线性序列。也就是说,遍历操作可以使非线性结构线性化。

　　由二叉树的定义可知,一棵二叉树由根结点、根结点的左子树和根结点的右子树 3 个部分组成。因此,只要依次遍历这 3 个部分,就可以遍历整个二叉树。若以 D、L、R 分别表示访问根结点、遍历根结点的左子树、遍历根结点的右子树,则二叉树的遍历方式有 6 种,即 DLR、LDR、LRD、DRL、RDL 和 RLD。如果限定先左后右,则只有前 3 种方式,即 DLR(称为先序遍历)、LDR(称为中序遍历)和 LRD(称为后序遍历)。

(一) 先序遍历

先序遍历(DLR)的递归过程为若二叉树为空,遍历结束,否则:

(1) 访问根结点;

(2) 先序遍历根结点的左子树;

(3) 先序遍历根结点的右子树。

先序遍历二叉树的递归算法如下:

```
void PreOrder(BiTree bt)
{ / * 先序遍历二叉树 bt * /
   if (bt == NULL) return;            / * 递归调用的结束条件 * /
   Visit(bt -> data);                 / * 访问结点的数据域 * /
   PreOrder(bt -> lchild);            / * 先序递归遍历 bt 的左子树 * /
   PreOrder(bt -> rchild);            / * 先序递归遍历 bt 的右子树 * /
}
```

例如,对于图 8.1 所示的二叉树,按先序遍历得到的结点序列如下:

A B D G C E F

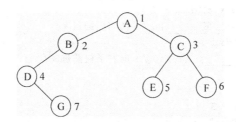

图 8.1　一棵非完全二叉树

(二) 中序遍历

中序遍历(LDR)的递归过程为若二叉树为空,遍历结束,否则:

(1) 中序遍历根结点的左子树;

(2) 访问根结点;

(3) 中序遍历根结点的右子树。

中序遍历二叉树的递归算法如下:

```
void InOrder(BiTree bt)
{ / * 中序遍历二叉树 bt * /
   if (bt == NULL) return;            / * 递归调用的结束条件 * /
   InOrder(bt -> lchild);             / * 中序递归遍历 bt 的左子树 * /
   Visit(bt -> data);                 / * 访问结点的数据域 * /
   InOrder(bt -> rchild);             / * 中序递归遍历 bt 的右子树 * /
}
```

对于图 8.1 所示的二叉树,按中序遍历得到的结点序列如下:

D G B A E C F

（三）后序遍历

后序遍历(LRD)的递归过程为若二叉树为空，遍历结束，否则：

（1）后序遍历根结点的左子树；

（2）后序遍历根结点的右子树；

（3）访问根结点。

后序遍历二叉树的递归算法如下：

```
void PostOrder(BiTree bt)
{ /*后序遍历二叉树 bt */
    if (bt == NULL) return;              /*递归调用的结束条件*/
    PostOrder(bt->lchild);               /*后序递归遍历 bt 的左子树*/
    PostOrder(bt->rchild);               /*后序递归遍历 bt 的右子树*/
    Visit(bt->data);                     /*访问结点的数据域*/
}
```

对于图 8.1 所示的二叉树，按后序遍历得到的结点序列如下：

G D B E F C A

（四）层次遍历

所谓二叉树的层次遍历是指从二叉树的第一层(根结点)开始从上到下逐层遍历，若在同一层中，则按从左到右的顺序对结点逐个访问。对于图 8.1 所示的二叉树，按层次遍历得到的结点序列如下：

A B C D E F G

二、哈夫曼树的基本概念

最优二叉树也称哈夫曼(Huffman)树，是指对于一组带有确定权值的叶子结点构造的具有最小带权路径长度的二叉树。

那么，什么是二叉树的带权路径长度呢？

在前面我们介绍过路径和结点的路径长度的概念，二叉树的路径长度则是指由根结点到所有叶子结点的路径长度之和。如果二叉树中的叶子结点都具有一定的权值，则可以将这一概念加以推广。设二叉树具有 n 个带权值的叶子结点，那么从根结点到各个叶子结点的路径长度与相应结点权值的乘积之和称为二叉树的带权路径长度，记为：

$$WPL = \sum_{k=1}^{n} W_k \cdot L_k$$

其中，W_k 为第 k 个叶子结点的权值，L_k 为第 k 个叶子结点的路径长度。例如图 8.2 所示的二叉树，它的带权路径长度值 $WPL = 2 \times 2 + 4 \times 2 + 5 \times 2 + 3 \times 2 = 28$。

给定一组具有确定权值的叶子结点可以构造出不同的带权二叉树。例如，给出 4 个叶子结点，设其权值分别为 1、3、5、5，可以构造出形状不同的多个二叉树，这些形状不同的二叉树的带权路径长度各不相同。图 8.3 给出了其中 3 个不同形状的二叉树。

这 3 棵树的带权路径长度分别如下：

(a) $WPL = 1 \times 2 + 3 \times 2 + 5 \times 2 + 5 \times 2 = 28$

(b) $WPL = 1 \times 3 + 3 \times 3 + 5 \times 2 + 5 \times 1 = 27$

(c) $WPL = 1 \times 2 + 3 \times 3 + 5 \times 3 + 5 \times 1 = 31$

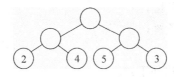

图 8.2　一个带权二叉树

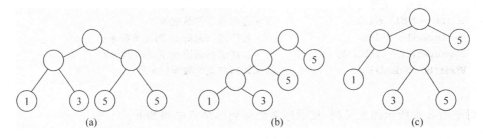

图 8.3　具有相同叶子结点和不同带权路径长度的二叉树

由此可知,由权值相同的一组叶子结点构成的二叉树有不同的形态和不同的带权路径长度。那么,如何找到带权路径长度最小的二叉树(即哈夫曼树)呢?根据哈夫曼树的定义,一棵二叉树要使其 WPL 值最小,必须使权值较大的叶子结点较靠近根结点,而使权值较小的叶子结点远离根结点。哈夫曼(Huffman)依据这一特点提出了一种构造最优二叉树的方法,这种方法的基本思想如下:

(1) 由给定的 n 个权值 $\{W1, W2, \cdots, Wn\}$ 构造 n 棵只有一个叶子结点的二叉树,从而得到一个二叉树的集合 $F = \{T1, T2, \cdots, Tn\}$;

(2) 在 F 中选取根结点的权值最小和次小的两棵二叉树作为左、右子树构造一棵新的二叉树,这棵新的二叉树的根结点的权值为其左、右子树根结点的权值之和;

(3) 在集合 F 中删除作为左、右子树的两棵二叉树,并将新建立的二叉树加入到集合 F 中;

(4) 重复(2)、(3)两步,当 F 中只剩下一棵二叉树时,这棵二叉树便是所要建立的哈夫曼树。

图 8.4 给出了前面提到的叶子结点的权值集合为 $W = \{1, 3, 5, 5\}$ 的哈夫曼树的构造过程,可以计算出其带权路径长度为 29。由此可知,对于同一组给定叶子结点所构造的哈夫曼树,树的形状可能不同,但带权路径长度值是相同的,并且一定是最小的。

三、实验目的

1. 掌握用递归方法实现二叉树遍历的操作。
2. 掌握用非递归方法实现二叉树遍历的操作。
3. 掌握建立 Huffman 树的操作。
4. 加深对二叉树的理解,逐步培养解决实际问题的编程能力。

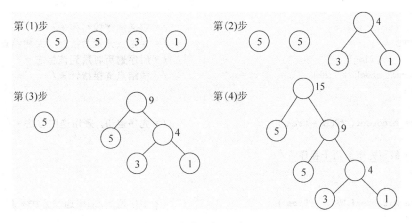

图 8.4　哈夫曼树的建立过程

四、实验内容

（一）基础题

1. 编写二叉树的遍历操作函数：

（1）re_preorder(TREE * tree)　先序遍历，采用递归方法；

（2）re_midorder(TREE * tree)　中序遍历，采用递归方法；

（3）re_posorder(TREE * tree)　后序遍历，采用递归方法；

（4）st_preorder(TREE * tree)　先序遍历，采用链接栈的迭代方法；

（5）st_midorder(TREE * tree)　中序遍历，采用链接栈的迭代方法；

（6）st_posorder(TREE * tree)　后序遍历，采用链接栈的迭代方法。

2. 调用上述函数实现下列操作：

（1）用递归方法分别先序、中序和后序遍历二叉树；

（2）用非递归方法分别先序、中序和后序遍历二叉树。

注：要求动态显示二叉树的建立过程。

（二）提高题

根据 Huffman 编码的原理编写一个程序，在用户输入结点权重的基础上建立它的 Huffman 编码。

[**程序设计思路**]构造一棵 Huffman 树，由此得到的二进制前缀便是 Huffman 编码。由于 Huffman 树没有度为 1 的结点，则一棵有 n 个叶子结点的 Huffman 树共有 $2n-1$ 个结点，设计一个结构数组存储 $2n-1$ 个结点的值，包括权重、父结点、左结点和右结点等。

五、参考程序

程序 1：基础题 1

```
typedef struct tree {                    /*定义树的结构*/
    int data;                            /*假定树的元素类型为 int*/
    struct tree * lchild;                /*左孩子*/
    struct tree * rchild;                /*右孩子*/
```

```c
}TREE;
typedef struct stack {                          /* 定义链接栈结构 */
    TREE * t;                                   /* 栈结点元素为指向二叉树结点的指针 */
        int flag;                               /* 后序遍历时用到该标志 */
    struct stack * link;                        /* 栈结点链接指针 */
}STACK;

void re_preorder( TREE * tree )                 /* 先序遍历,采用递归方法 */
{
    /* 编写先序遍历子程序 */
}


void re_midorder( TREE * tree )                 /* 中序遍历,采用递归方法 */
{
    if( tree != NULL ) {                        /* 不为空子树时递归遍历 */
        re_midorder( tree -> lchild );          /* 先遍历左子树 */
        printf( "%d", tree -> data );           /* 再遍历父结点 */
        re_midorder( tree -> rchild );          /* 最后遍历右子树 */
    }
}


void re_posorder( TREE * tree )                 /* 后序遍历,采用递归方法 */
{
    /* 编写后序遍历子程序 */
}


void push( STACK ** top, TREE * tree )          /* 树结点入栈 */
{
        STACK * p;                              /* 工作指针 */
    p = (STACK * )malloc( sizeof(STACK) );      /* 申请栈结点 */
    p -> t = tree;                              /* 根结点进栈 */
    p -> link = * top;                          /* 新栈结点指向栈顶 */
     * top = p;                                 /* 栈顶为新结点 */
}


void pop( STACK ** top, TREE ** tree )          /* 出栈,栈内元素赋值给树结点 */
{
    STACK * p;                                  /* 工作指针 */
    if( * top == NULL )                         /* 空栈 */
         * tree = NULL;
    else {                                      /* 栈非空 */
        * tree = ( * top) -> t;                 /* 栈顶结点元素赋值给树结点 */
        p = * top;
        * top = ( * top) -> link;               /* 栈顶指向下一个链接, 完成出栈 */
        free( p );                              /* 释放栈顶结点空间 */
    }
}


void st_preorder( TREE * tree )                 /* 先序遍历,采用链接栈的迭代方法 */
{
    STACK * top;                                /* 栈顶指针 */
```

```
    top = NULL;                              /* 初始化为空栈 */
    while( tree != NULL ) {                   /* 二叉树还未遍历完 */
        _____①_____ ;                   /* 访问根结点 */
        if( _____②_____ )               /* 右子树结点入栈 */
            push( &top, tree->rchild );
        if( tree->lchild != NULL )            /* 左子树结点入栈 */
            _____③_____ ;
        pop( &top, &tree );                   /* 树结点出栈 */
    }
}


void st_midorder( TREE * tree )               /* 中序遍历,采用链接栈的迭代方法 */
{
    STACK * top;                              /* 栈顶指针 */
    top = NULL;                               /* 初始化为空栈 */
    while(_____④_____ ) {               /* 循环条件为二叉树还未遍历完或者栈非空 */
        while( tree != NULL ) {               /* 二叉树还未遍历完 */
            push( &top, tree );               /* 树结点入栈 */
            _____⑤_____ ;                /* 沿左子树前进,将经过的结点依次进栈 */
        }
        if( top != NULL ) {                   /* 左子树入栈结束,且栈非空 */
            pop( &top, &tree );               /* 树结点出栈 */
            _____⑥_____ ;                /* 访问根结点 */
            _____⑦_____ ;                /* 向右子树前进 */
        }
    }
}


void st_posorder( TREE * tree )               /* 后序遍历,采用链接栈的迭代方法 */
{
    STACK * top;                              /* 栈顶指针 */
    top = NULL;                               /* 初始化为空栈 */
    do{
        while( _____⑧_____ ) {           /* 二叉树还未遍历完 */
            push( &top, tree );               /* 树结点入栈 */
            top->flag = 0;                    /* 标志为 0,表示右子树未访问 */
            _____⑨_____ ;                /* 沿左子树前进,将经过的结点依次进栈 */
        }
        if( top != NULL ) {                   /* 栈非空 */
            while( top!= NULL && _____⑩_____ ) {   /* 右子树已访问 */
                pop( &top, &tree );           /* 出栈 */
                printf( "%d", tree->data );
            }
            if( top != NULL ) {
                _____⑪_____ ;            /* 置右子树为访问标志 */
                tree = (top->t)->rchild;      /* 查找栈顶元素的右子树 */
            }
        }
    }while( top != NULL );                     /* 循环条件为栈非空 */
}
```

程序 2：基础题 2

```
/* 本程序实现了二叉查找树的中序遍历、先序遍历、后序遍历的递归和迭代方法 */
# include < stdio. h>
# include < alloc. h>
# include < conio. h>
void main()
{
    TREE * t;                              /* 定义树 */
    int i,op = - 1;
    t = NULL;                              /* 初始化为空树 */
while( op != 0 )
    {
        printf( "请选择操作,1: 增加树结点; 0: 结束操作 " );
        fflush( stdin );                   /* 清空标准输入缓冲区 */
        scanf( "% d", &op );
        switch( op ) {
            case 0:                        /* 退出 */
                break;
            case 1:                        /* 增加树结点 */
                printf( "请输入树结点元素: " );
                scanf( "% d", &i );
                switch(  InsertNode( &t, i )   /* 该函数在实验 7 中 */
                {
                    case 0:                /* 成功 */
                        clrscr();
                        gotoxy( 1, 1 );
                        printf( "成功,数结构为:\n" );
                        OutputTree( t );
                            /* 该函数在实验 7 中,还有 SearchNode() 函数也在实验 7 中 */
                        break;
                    case 1:
                        printf( "该元素已存在" );
                        break;
                    default:
                        printf( "内存操作失败");
                        break;
                }
                break;
        }
    }
    printf( "先序遍历, 递归方法\n" );
    re_preorder( t );                      /* 先序遍历,采用递归方法 */
        printf( "\n 任意键继续\n\n" );
        getch();

    printf( "中序遍历, 递归方法\n" );
    re_midorder( t );                      /* 中序遍历,采用递归方法 */
    printf( "\n 任意键继续\n\n" );
        getch();
    printf( "后序遍历, 递归方法\n" );
```

```
    re_posorder( t );                          /* 后序遍历,采用递归方法 */
    printf( "\n 任意键继续\n\n" );
        getch();
    printf( "先序遍历, 采用链接栈的迭代方法\n" );
    st_preorder( t );                          /* 先序遍历, 采用链接栈的迭代方法 */
    printf( "\n 任意键继续\n\n" );
        getch();
    printf( "中序遍历, 采用链接栈的迭代方法\n" );
    st_midorder( t );                          /* 中序遍历, 采用链接栈的迭代方法 */
    printf( "\n 任意键继续\n\n" );
        getch();
    printf( "后序遍历, 采用链接栈的迭代方法\n" );
    st_posorder( t );                          /* 后序遍历, 采用链接栈的迭代方法 */
    printf( "\n 任意键退出\n\n" );
        getch();
}
```

程序 3: 提高题

```
# include < stdio. h >
# define MAX 21
typedef struct {                               /* 定义 Huffman 树的结点结构 */
    char data;                                 /* 结点值 */
    int weight;                                /* 权重 */
    int parent;                                /* 父结点 */
    int left;                                  /* 左结点 */
    int right;                                 /* 右结点 */
}huffnode;
typedef struct {                               /* 定义 Huffman 编码结构 */
    char cd[MAX];
    int start;
}huffcode;
void main()
{
    huffnode ht[2 * MAX];
    huffcode hcd[MAX], d;
    int i, k, f, j, r, n = 0, c, m1, m2;
    printf( "请输入元素个数( 1 --> % d ):", MAX - 1 );
    scanf( "% d", &n );
    if( n > MAX - 1 || n < 1 )                 /* 输入错误, 退出 */
        return;
    for( i = 0; i < n; i++) {
        fflush( stdin );                       /* 清空缓冲器 */
        printf( "第 % d 个元素 =>\n\t 结点值:", i + 1 );
        scanf( "% c", &ht[i].data );
        printf( "\t 权重:" );
        scanf( "% d", &ht[i].weight );
    }
    for( i = 0;          ①          ; i++)
        ht[i].parent = ht[i].left = ht[i].right = 0;
    for( i = n; i < 2 * n - 1; i++) {          /* 构造 Huffman 树 */
```

```
                m1 = m2 = 0x7fff;
                j = r = 0;                              /* j、r 为权重最小的两个结点位置 */
                for( k = 0; k < i; k++)
                    if( ht[k].parent == 0 )
                        if( _____②_____ < m1 ) {
                            m2 = m1;
                            r = j;
                            _____③_____ ;
                            j = k;
                        }
                        else if( ht[k].weight < m2 ) {
                            m2 = _____④_____ ;
                            r = k;
                        }
                ht[j].parent = _____⑤_____ ;
                ht[r].parent = _____⑥_____ ;
                ht[i].weight = _____⑦_____ ;
                ht[i].left = j;
                ht[i].right = r;
            }
            for( i = 0; i < n; i++) {                    /* 根据 Huffman 树求 Huffman 编码 */
                d.start = n;
                c = i;
                f = ht[i].parent;
                while( f != 0 ) {
                    if( _____⑧_____ == c )
                        d.cd[ -- d.start ] = '0';
                    else
                        d.cd[ -- d.start ] = _____⑨_____ ;
                    c = f;
                    _____⑩_____ ;
                }
                _____⑪_____ = d;
            }
            printf( "输出 Huffman 编码:\n" );
            for( i = 0; i < n; i++) {
                printf( "%c:", ht[i].data );
                for( k = hcd[i].start; k < n; k++)
                    printf( "%c", hcd[i].cd[k] );
                printf( "\n" );
            }
        }
```

实验 9 图的基本操作

一、图的定义和遍历

(一)图的定义

图(Graph)是由非空的顶点集合和一个描述顶点之间的关系——边(或者弧)的集合组

成,其形式化定义为：

$$G=(V,E)$$
$$V=\{v_i \mid v_i \in 顶点集合\}$$
$$E=\{(v_i,v_j) \mid v_i,v_j \in V \land P(v_i,v_j)\}$$

其中,G 表示一个图,V 是图 G 中顶点的集合,E 是图 G 中边的集合,在集合 E 中 $P(v_i,v_j)$ 表示顶点 v_i 和顶点 v_j 之间有一条直接连线,即偶对 (v_i,v_j) 表示一条边。图 9.1 给出了一个图的示例,在该图中：

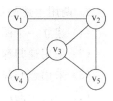

集合 $V=\{v_1,v_2,v_3,v_4,v_5\}$

集合 $E=\{(v_1,v_2),(v_1,v_4),(v_2,v_3),(v_3,v_4),(v_3,v_5),(v_2,v_5)\}$

图 9.1　无向图 G_1

(二) 图的遍历

图的遍历是指从图中的任一顶点出发,对图中的所有顶点都访问一次且只访问一次。图的遍历操作和树的遍历操作功能相似。图的遍历是图的一种基本操作,图的许多其他操作都是建立在遍历操作的基础之上的。

图的遍历通常有深度优先查找和广度优先查找两种方式,下面分别介绍。

(1) **深度优先查找**：深度优先查找(Depth_First Search)遍历类似于树的先序遍历,是树的先序遍历的推广。

假设初始状态是图中的所有顶点都未曾被访问,则深度优先查找可以从图中的某个顶点发 v 出发,访问此顶点,然后依次从 v 的未被访问的邻接点出发深度优先遍历图,直到图中所有和 v 有路径相通的顶点都被访问到；若此时图中尚有顶点未被访问,则另选图中一个未曾被访问的顶点作为起始点,重复上述过程,直到图中所有的顶点都被访问到为止。

(2) **广度优先查找**：广度优先查找(Breadth_First Search)遍历类似于树的按层次遍历的过程。

假设从图中的某顶点 v 出发,在访问了 v 之后依次访问 v 的各个未曾被访问过的邻接点,然后分别从这些邻接点出发依次访问它们的邻接点,并使"先被访问的顶点的邻接点"先于"后被访问的顶点的邻接点"被访问,直到图中所有已被访问的顶点的邻接点都被访问到。若此时图中尚有顶点未被访问,则另选图中一个未曾被访问的顶点作为起始点,重复上述过程,直到图中的所有顶点都被访问到为止。换句话说,在广度优先查找遍历图的过程中以 v 为起始点,由近至远,依次访问和 v 有路径相通且路径长度为 1、2、…的顶点。

二、实验目的

1. 掌握图的邻接矩阵、邻接表的表示方法。
2. 掌握建立图的邻接矩阵的算法。
3. 掌握建立图的邻接表的算法。
4. 加深对图的理解,逐步培养解决实际问题的编程能力。

三、实验内容

(一) 基础题

1. 编写图基本操作函数：

(1) creat_graph(lgraph lg, mgraph mg)建立图的邻接表,邻接矩阵；

(2) ldfs(lgraph g, int i)邻接表表示的图的递归深度优先遍历;

(3) mdfs(mgraph g, int i, int vn)邻接矩阵表示的图的递归深度优先遍历;

(4) lbfs(lgraph g, int s, int n)邻接表表示的图的广度优先遍历;

(5) mbfs(mgraph g, int s, int n)邻接矩阵表示的图的广度优先遍历。

2. 调用上述函数实现下列操作:

(1) 建立一个图的邻接矩阵和图的邻接表;

(2) 采用递归深度优先遍历输出图的邻接矩阵;

(3) 采用递归深度优先遍历输出图的邻接表;

(4) 采用图的广度优先遍历输出图的邻接表;

(5) 采用图的广度优先遍历输出图的邻接矩阵。

(二) 提高题

[**问题描述**]设某城市有 n 个车站,并有 m 条公交线路连接这些车站。假设这些公交车都是单向的,这 n 个车站被顺序编号为 $0 \sim n-1$。在本程序中输入该城市的公交线路数、车站个数以及各公交线路上各站的编号。

[**实现要求**]求得从站 0 出发乘公交车至站 $n-1$ 的最少换车次数。

[**程序设计思路**]利用输入信息构建一张有向图 G(用邻接矩阵 g 表示),有向图的顶点是车站,若有某条公交线路经 i 站能到达 j 站,就在顶点 i 到顶点 j 之间设置一条权为 1 的有向边 $\langle i,j \rangle$。如果是这样,从站点 x 到站点 y 的最少上车次数便对应图 G 中从点 x 到点 y 的最短路径长度,而程序要求的换车次数就是上车次数减 1。

四、参考程序

程序 1:基础题 1 和基础题 2

```
#include<stdio.h>
#include<alloc.h>
#include<conio.h>
#define MAX 30                              /*图中最多的顶点数*/
typedef struct node{                        /*邻接表中链表的结点类型*/
int vno;                                    /*邻接顶点的序号*/
struct node *next;                          /*后继邻接顶点*/
   }edgeNode;
typedef edgeNode *lgraph[MAX];              /*邻接表类型*/
typedef int mgraph[MAX][MAX];              /*邻接矩阵类型*/
int visited[MAX];                           /*访问标志*/
int queue[MAX];                             /*广度优先遍历存储队列*/

int creat_graph( lgraph lg, mgraph mg )    /*输入无向图的边,建立图的邻接表、邻接矩阵*/
{
    int vn, en, k, i, j;
    edgeNode *p;
    printf( "\n邻接表方式建图\n" );
    while( 1 ) {                            /*输入图的顶点数、边数*/
        vn = en = 0;
        printf( "输入图的顶点数[1-30]\n" );
```

```
            fflush( stdin );
            scanf( "%d", &vn );
            if(_____①_____)
                continue;
            printf( "输入图的边数[0 - %d]\n", vn * (vn - 1)/2 );
            scanf( "%d", &en );
            if( en >= 0 && _____②_____ )
                break;
        }
        for( k = 0; k < vn; k++ )
            lg[k] = _____③_____;              /*置空邻接表*/
        for( k = 0; k < vn; k++ )                      /*置空邻接矩阵*/
            for( i = 0; i < vn; i++ )
                _____④_____;
        for( k = 0; k < en;  ) {                       /*构造邻接表、邻接矩阵的各条边*/
            i = j = -1;
            printf( "输入第[%d]对相连的两条边[1 - %d]: ", k + 1, vn );
            scanf( "%d%d", &i, &j );
            if( i < 1 || j < 1 || i > vn || j > vn ) {
                printf( "输入错误, 边范围为[1 - %d]\n", vn );
                continue;
            }
            k++;
            i-- ;
                j-- ;
            p = (edgeNode * )malloc( sizeof(edgeNode) );
            _____⑤_____;
            p->next = lg[i];
                lg[i] = _____⑥_____;            /*将新结点插入到第 i 行邻接表行首*/
            p = (edgeNode * )malloc( sizeof(edgeNode) );
            p->vno = i;
                _____⑦_____;
            lg[j] = p;                                  /*将新结点插入到第 j 行邻接表行首*/
            mg[i][j] = _____⑧_____;             /*置邻接矩阵的值*/
        }
            return vn;
}

void ldfs( lgraph g, int i )                           /*邻接表表示的图的递归深度优先遍历*/
{
    edgeNode * t;
    printf( "%4d", i + 1 );                            /*访问顶点 i*/
    visited[_____⑨_____] = 1;                  /*置 i 顶点已被访问*/
    t = g[i];
    while( t != NULL ) {                               /*检查所有与顶点 i 相邻接的顶点*/
        if(_____⑩_____)                        /*如果该顶点未被访问过*/
            ldfs( g, t->vno );                         /*从邻接顶点出发深度优先搜索*/
            _____⑪_____;                       /*考察下一个邻接顶点*/
    }
}
```

第
二
部
分

基础实验

```
void mdfs( mgraph g, int i, int vn )                    /* 邻接矩阵表示的图的递归深度优先遍历 */
{
    int j;
    printf( "%4d", i+1 );                               /* 访问顶点 i */
    visited[i] = 1;                                      /* 置 i 顶点已被访问 */
    for( j = 0; j < vn; j++) {                           /* 检查所有与顶点 i 相邻接的顶点 */
        if( _____⑫_____ && _____⑬_____ )     /* 如果该顶点有边且未被访问过 */
            mdfs( g, j, vn );                            /* 从邻接顶点出发深度优先搜索 */
        }
}


void lbfs( lgraph g, int s, int n )                     /* 邻接表表示的图的广度优先遍历 */
{
    int i, v, w, head, tail;
    edgeNode * t;
    for( i = 0; i < n; i++)
        visited[i] = 0;                                  /* 置全部顶点为未访问标志 */
    head = tail = 0;                                     /* 队列置空 */
    printf( "%4d", s+1 );                                /* 访问出发顶点 */
    visited[s] = 1;                                      /* 置该顶点为已被访问标志 */
    queue[ _____⑭_____ ] = s;                          /* 出发顶点进队 */
    while( head < tail ) {                               /* 队不空则循环 */
        v = queue[ _____⑮_____ ];                      /* 取队列首顶点 */
        for( t = g[v]; t != NULL; t = t->next ) {
            /* 按邻接表顺序考察与顶点 v 邻接的各顶点 w */
            w = _____⑯_____ ;
            if( visited[w] == 0 ) {                      /* 顶点 w 未被访问过 */
                printf( "%4d", w+1 );                    /* 访问顶点 w */
                _____⑰_____ ;                      /* 置顶点 w 为已被访问标志 */
                queue[tail++] = w;                       /* 顶点 w 进队 */
            }
        }
    }
}


void mbfs( mgraph g, int s, int n )                     /* 邻接矩阵表示的图的广度优先遍历 */
{
    int i, j, v, head, tail;
    for( i = 0; i < n; i++)
        visited[i] = 0;                                  /* 置全部顶点为未访问标志 */
    head = tail = 0;                                     /* 队列置空 */
    printf( "%4d", s+1 );                                /* 访问出发顶点 */
    visited[s] = 1;                                      /* 置该顶点为已被访问标志 */
    queue[ tail++ ] = s;                                 /* 出发顶点进队 */
    while( _____⑱_____ ) {                             /* 队不空则循环 */
        v = queue[ head++ ];                             /* 取队列首顶点 */
        for( j = 0; j < n; j++) {
            /* 按邻接矩阵顺序考察与顶点 v 邻接的各顶点 w */
            if( _____⑲_____ && visited[j] == 0 ) {     /* 如果该顶点有边且未被访问过 */
                printf( "%4d", j+1 );                    /* 访问顶点 j */
                visited[j] = 1;                          /* 置顶点 w 为已被访问标志 */
```

```
                        ⑳        ;                    /＊顶点 j 进队＊/
            }
        }
    }
}

void main( )
{
    lgraph lg;
    mgraph mg;
    int n, i;
    n = creat_graph( lg, mg );
    for( i = 0; i < n; i++ )
        visited[ i ] = 0;                              /＊置全部顶点为未访问标志＊/
    printf( "\n 邻接表表示的图的递归深度优先遍历 \n" );
            ㉑        ;
    getch( );
    for( i = 0; i < n; i++ )
        visited[ i ] = 0;                              /＊置全部顶点为未访问标志＊/
    printf( "\n 邻接矩阵表示的图的递归深度优先遍历\n" );
            ㉒        ;
    getch( );
    printf( "\n 邻接表表示的图的广度优先遍历\n" );
            ㉓        ;
    getch( );
    printf( "\n 邻接矩阵表示的图的广度优先遍历\n" );
            ㉔        ;
}
```

程序 2：提高题

```
# include < stdio. h >
# define M 20
# define N 50
int a[ N + 1 ];                              /＊用于存放一条线路上各站的编号＊/
int g[ N ][ N ];                             /＊存储对应的邻接矩阵＊/
int dist[ N ];                               /＊存储站 0 到各站的最短路径＊/
int m = 0, n = 0;
void buildG( )                               /＊建图＊/
{
    int i, j, k, sc, dd;
        while( 1 ) {
        printf( "输入公交线路数[ 1 - % d ], 公交站数[ 1 - % d ]\n", M, N );
        scanf( "% d % d", &m, &n );
        if( m >= 1 && m <= M && n >= 1 && n <= N )
            break;
    }
    for( i = 0; i < n; i++ )                  /＊邻接矩阵清零＊/
        for( j = 0; j < n; j++ )
            g[ i ][ j ] = 0;
```

```
        for( i = 0; i < m; i++) {
            printf( "沿第 %d 条公交车线路前进方向的各站编号(0 <= 编号<= %d, -1 结束):\n",
i+1, n-1);
            sc = 0;                              /* 当前线路的站计数器 */
            while( 1 ) {
                scanf( "%d", &dd );
                if( dd == -1 )
                    break;
                if( dd >= 0 && dd < n )
                    a ____①____ = dd;           /* 保存站点编号 */
            }
            a[sc] = -1;
            for( k = 1; a[k] >= 0; k++)          /* 处理第 i+1 条公交线路 */
                for( j = 0; j < k; j++)
                    ____②____ = 1;              /* 该条线路所经过的两个站点置 1 */
        }
    }


int minLen()                                     /* 求从站点 0 开始的最短路径 */
{
    int j, k;
    for( j = 0; j < n; j++)
        dist[j] = ____③____ ;
    dist[0] = 1;
    while(1) {
        for( k = -1, j = 0; j < n; j++)          /* 找下一个最少上车次数的站 */
            if( ____④____ && ( k == -1 || ____⑤____ ) )
                k = j;
        if( k < 0 || k == n-1 )                  /* 找到最后一个站点或无最少上车站数 */
            break;
        dist[k] = -dist[k];                      /* 设置 k 站已求得上车次数的标志 */
        for( j = 1; j < n; j++)                   /* 调整经过 k 站能到达的其余各站的上车次数 */
            if( g[k][j] == 1 && ( dist[j] == 0 || -dist[k] + 1 < dist[j] ) )
                ____⑥____ ;
    }
    j = ____⑦____ ;
    return ( k < 0 ? -1 : ____⑧____ );
}


void main()
{
    int t;
    buildG();
    if( (t = ____⑨____ )
        printf( "无解!\n" );
    else
        printf( "从 0 号站到 %d 站需换车 %d 次\n", n-1, t );
}
```

实验 10 排   序

一、排序的基本概念

排序(Sorting)是计算机程序设计中的一种重要的操作,其功能是将一个数据元素集合或序列重新排列成一个按数据元素的某个值有序的序列。作为排序依据的数据项称为"排序码",即数据元素的关键码。为了便于查找,通常希望计算机中的数据表是按关键码有序的。通常,有序表的折半查找,查找效率较高。二叉排序树、B—树和B+树的构造过程就是一个排序过程。若关键码是主关键码,则对于任意待排序序列,经排序后得到的结果是唯一的;若关键码是次关键码,排序结果可能不唯一,这是因为具有相同关键码的数据元素,在排序结果中,它们的位置关系与排序前不一定保持一致。

对于任意的数据元素序列,使用某个排序方法按关键码进行排序,若相同关键码元素间的位置关系在排序前与排序后保持一致,称此排序方法是**稳定**的;若不能保持一致,称此排序方法是**不稳定**的。排序分为**两类**,即内排序和外排序。

(1) **内排序**:指待排序列完全存放在内存中所进行的排序过程,适合不太大的元素序列。

(2) **外排序**:指排序过程中还需访问外存储器,足够大的元素序列因不能完全放入内存,只能使用外排序。本实验只讨论内排序中的选择排序、直接插入排序、冒泡排序和快速排序。

二、实验目的

1. 掌握在数组上进行各种排序的方法和算法。
2. 深刻理解各种方法的特点,并能灵活应用。
3. 加深对排序的理解,逐步培养解决实际问题的编程能力。

三、实验内容

(一) 基础题

1. 编写各种排序方法的基本操作函数:

(1) s_sort(int e[], int n)选择排序;

(2) si_sort(int e[], int n)直接插入排序;

(3) sb_sort(int e[], int n)冒泡排序;

(4) merge(int e[], int n)二路合并排序 。

2. 调用上述函数实现下列操作:

(1) 对于给定的数组 E[N] = {213, 111, 222, 77, 400, 300, 987, 1024, 632, 555}调用选择排序函数进行排序;

(2) 调用直接插入排序函数进行排序;

(3) 调用冒泡排序函数进行排序;

(4) 调用二路合并排序函数进行排序。

（二）提高题

1. 编写希尔排序函数对给定的数组进行排序。

编程思路：把结点按下标的一定增量分组，对每组结点使用插入排序，随着增量逐渐减少，所分成的组包含的结点越来越多，当增量的值减少到1时，整个数据合成为一组有序结点，则完成排序。

2. 编写快速排序函数对给定的数组进行排序。

编程思路：快速排序是对冒泡排序的一种本质上的改进，它的基本思想是通过一趟扫描后，使待排序列的长度能较大幅度的减少。在冒泡排序中，一次扫描只能确保最大键值的结点移到了正确位置，待排序列的长度可能只减少1。快速排序通过一次扫描使某个结点移到中间的正确位置，并使它左边序列的结点的键值都比它小，称这样一次扫描为"划分"。每次划分使一个长序列变成两个新的较短的子序列，然后对这两个子序列分别做这样的划分，直到新的子序列的长度为1时不再划分。当所有的子序列长度都为1时，序列已经是排好序的了。

四、参考程序

程序1：基础题1和基础题2的(1)

```c
#include<stdio.h>
#include<conio.h>
#define N 10
int E[N] = { 213, 111, 222, 77, 400, 300, 987, 1024, 632, 555 };

void s_sort( int e[], int n )                    /* e:存储线性表的数组; n:线性表的结点个数 */
{
int i, j, k, t;
for( i = 0; i < n-1; i++) {                       /* 控制 n-1 趟的选择步骤 */
    /* 在 e[i]、e[i+1]、…、e[n-1]中选择键值最小的结点 e[k] */
    for( k = i, j = _____①_____; j < n; j++)
            if( e[k] > e[j] )
                _k = j;
        if(_____②_____ ) {                        /* e[i]与e[k]交换 */
            t = e[i];
            e[i] = e[k];
            e[k] = t;
        }
    }
}

void main()
{
    int i;
    printf( "顺序排序,初始数据序列为:\n" );
    for( i = 0; i < N; i++)
        printf( "%d ", E[i] );
    _____③_____
    printf( "\n排序后的数据序列为: \n" );
```

```
    for( i = 0; i < N; i++)
        printf( "%d", E[i] );
        getch();
}
```

程序 2：基础题 1 与基础题 2 的 (2)

```
#include<stdio.h>
#include<conio.h>
#define N 10
int E[N] = { 213, 111, 222, 77, 400, 300, 987, 1024, 632, 555 };

void si_sort( int e[], int n )                    /* e:存储线性表的数组；n: 线性表的结点个数 */
{
    int i, j, t;
    for( i = 1; i < n; i++){                       /* 控制 e[i]、e[i+1]、…、e[n-1]的比较插入步骤 */
        /* 找结点 e[i]的插入位置 */
        for( _____①_____, j = i-1; j >= 0 && _____②_____; j-- )
            e[j+1] = e[j];
            _____③_____;
    }
}


void main()
{
    int i;
    printf( "直接排序,初始数据序列为:\n" );
    for( i = 0; i < N; i++)
        printf( "%d", E[i] );
    _____④_____;
    printf( "\n排序后的数据序列为: \n" );
    for( i = 0; i < N; i++)
        printf( "%d", E[i] );
        getch();
}
```

程序 3：基础题 1 和基础题 2 的 (3)

```
#include<stdio.h>
#include<conio.h>
#define N 10
int E[N] = { 213, 111, 222, 77, 400, 300, 987, 1024, 632, 555 };

void sb_sort( int e[], int n )                    /* e:存储线性表的数组；n: 线性表的结点个数 */
{
    int j, p, h, t;
    for( h = _____①_____; h > 0; h-- ) {
        for( p = j = 0; j < h; j++)
            if( _____②_____ ) {
                _____③_____;
                e[j] = e[j+1];
                _____④_____;
```

```
            p = _____⑤_____ ;
        }
    }
}

void main()
{
    int i;
    printf( "冒泡排序,初始数据序列为:\n" );
    for( i = 0; i < N; i++)
        printf( "%d ", E[i] );
        _____⑥_____ ;
    printf( "\n 排序后的数据序列为: \n" );
    for( i = 0; i < N; i++)
        printf( "%d ", E[i] );
        getch();
}
```

程序 4：基础题 1 和基础题 2 的(4)

```
# include < stdio. h >
# include < conio. h >
# include < alloc. h >
# define N 10
int E[N] = { 213, 111, 222, 77, 400, 300, 987, 1024, 632, 555 };

void merge_step( int e[ ], int a[ ], int s, int m, int n )      /* 两个相邻有序段的合并 */
{
    int i, j, k;
    k = i = s;
    j = m + 1;
    while( i <= m && _____①_____ )      /* 当两个有序段都未结束时循环 */
        if( e[i] <= e[j] )                          /* 取其中小的元素复制 */
            _____②_____ ;
        else
            a[k++] = e[j++];
    while( i <= m )                                 /* 复制还未合并完的剩余部分 */
        a[k++] = _____③_____ ;
    while( j <= n )                                 /* 复制还未合并完的剩余部分 */
        a[k++] = _____④_____ ;
}
void merge_pass( int e[ ], int a[ ], int n, int len )
                                                    /* 完成一趟完整的合并 */
{
    int f_s, s_end;
    f_s = 0;
    while( f_s + len < n ) {                        /* 至少有两个有序段 */
        s_end = f_s + _____⑤_____ ;
        if( s_end >= n )                            /* 最后一段可能不足 len 个结点 */
            s_end = _____⑥_____ ;
        merge_step( _____⑦_____ );          /* 相邻有序段合并 */
```

```
        f_s = s_end + 1;              /*下一对有序段中左段的开始下标为上一对的末尾＋1*/
    }
    if( f_s < n )                     /*当还剩一个有序段时将其从e[]复制到a[]*/
        for( ; f_s < n; f_s++ )
            a[f_s] = e[f_s];
}
```

```
void merge( int e[], int n )                  /*二路合并排序*/
{
    int * p, len = 1, f = 0;
    p = (int *)malloc( n * sizeof(int) );
    while( len < n ) {                        /*交替地在e[]和p[]之间来回合并*/
        if( f == 0 )
            merge_pass(      ⑧      );
        else
            merge_pass(      ⑨      );
        _____⑩_____ ;                     /*一趟合并后,有序结点数加倍*/
        f = 1 - f;                            /*控制交替合并*/
    }
    if( f == 1 )                              /*当经过奇数趟合并时,从p[]复制到e[]*/
        for( f = 0; f < n; f++ )
            e[f] = p[f];
    free( p );
}
```

```
void main()
{
    int i;
    printf( "归并排序,初始数据序列为:\n" );
    for( i = 000; i < N; i++ )
        printf( "%d ", E[i] );
    _____⑪_____
    printf( "\n 排序后的数据序列为: \n" );
    for( i = 0; i < N; i++ )
        printf( "%d ", E[i] );
        getch();
}
```

实验11 查　　找

一、查找的基本概念

在日常生活中查找的例子很多,例如在英汉字典中查找某个英文单词的中文解释;在新华字典中查找某个汉字的读音、含义;在对数表、平方根表中查找某个数的对数、平方根;邮递员送信件要按收件人的地址确定位置,等等,可以说查找是为了得到某个信息而经常进行的工作。

计算机、计算机网络使信息的查询更加快捷、方便、准确,要从计算机、计算机网络中查找特定的信息,就需要在计算机中存储包含该特定信息的表。例如要从计算机中查找英文单词的中文解释,就需要存储类似英汉字典这样的信息表以及对该表进行的查找操作。本章将讨论的问题即是"信息的存储和查找"。

查找是许多程序中最消耗时间的一部分,因此,一个好的查找方法会大大提高运行速度。另外,由于计算机的特性,对数、平方根等是通过函数求解的,无须存储相应的信息表。

二、实验目的

1. 掌握在数组上进行各种查找的方法和算法。

2. 深刻理解各种方法的特点,并能灵活应用。

3. 加深对查找的理解,逐步培养解决实际问题的编程能力。

三、实验内容

(一) 基础题

1. 编写各种查找方法的基本操作函数:

(1) search1(int * k, int n, int key)无序线性表的顺序查找;

(2) search2(int * k, int n, int key)有序线性表的顺序查找;

(3) bin_search(int * k, int n, int key)二分法查找。

2. 调用上述函数实现下列操作:

(1) 对于给定的数组 E[N] = {213,111,222,77,400,300,987,1024,632,555}调用无序线性表的顺序查找函数进行查找;

(2) 调用有序线性表的顺序查找函数进行查找;

(3) 调用二分法查找函数进行查找。

(二) 提高题

[问题描述]采用随机函数产生职工的工号和他所完成产品个数的数据信息,对同一职工多次完成的产品个数进行累计,最后按"职工完成产品数量的名次,该名次每位职工完成的产品数量,同一名次的职工人数和他们的职工号"的格式输出。

[实现要求]输出统计结果,如下所示:

ORDER	QUANTITY	COUNT	NUMBER		
1	375	3	10	20	21
4	250	2	3	5	
6	200	1	9		
7	150	2	11	14	
⋮					

[程序设计思路]采用链表结构存储有关信息,链表中的每个表元对应一位职工。在数据采集的同时,会形成一个有序链表(按完成的产品数量和工号排序)。若一个职工有新的数据输入,在累计他的完成数量时会改变原来链表的有序性,为此应对链表进行删除、查找和插入等处理。

四、参考程序

程序 1：基础题 1 和基础题 2

```c
#include < stdio.h >
#include < conio.h >
#define N 10
int E[N] = { 213, 111, 222, 77, 400, 300, 987, 1024, 632, 555 };

void s_sort( int e[], int n )                    /* e:存储线性表的数组；n: 线性表的结点个数 */
{
    int i, j, k, t;
    for( i = 0; i < n - 1; i++) {                 /* 控制 n-1 趟的选择步骤 */
        /* 在 e[i]、e[i+1]、…、e[n-1]中选择键值最小的结点 e[k] */
        for( k = i, j = i + 1; j < n; j++)
            if( e[k] > e[j] )
                k = j;
        if( k != i ) {                            /* e[i]与e[k]交换 */
            t = e[i];
            e[i] = e[k];
            e[k] = t;
        }
    }
}

int search1( int * k, int n, int key )           /* 无序线性表的顺序查找 */
{
    int i;
    for( i = 0;       ①        ; i++)
        return( i < n ? i : -1 );
}

int search2( int * k, int n, int key )           /* 有序线性表的顺序查找 */
{
    int i;
    for( i = 0;       ②        ; i++)
    if( i < n && k[i] == key )
        return i;
        return -1;
}

int bin_search( int * k, int n, int key )        /* 二分法查找 */
{
    int low = 0, high = n - 1, mid;
    while(        ③         ) {                    /* 查找范围的下界不大于上界 */
        mid = ( low + high ) / 2;                  /* 取有序列的中间元素值 */
        if( key ==        ④        )
            return mid;                            /* 找到键值 */
        if( key > k[mid] )                         /* 键值可能在中值和上界之间 */
                ⑤        ;
        else
```

```
                    _____⑥_____ ;
        }
            return  - 1;
}

void main()
{
    int i, j;
    printf( "初始数据序列为:\n" );
    for( i = 0; i < N; i++)
        printf( "% d ", E[i] );
    printf( "\n 输入要查找的关键码" );
    scanf( "% d", &i );
    if( ( j = _____⑦_____ )
        printf( "找到关键字, 位置为% d\n", j + 1 );
    else
        printf( "找不到\n" );
        getch();

    s_sort( E, N );
    printf( "\n 顺序排序后的数据序列为: \n" );
    for( i = 0; i < N; i++)
        printf( "% d ", E[i] );

    printf( "\n\n 输入要查找的关键字" );
    scanf( "% d", &i );
    if ( ( j = _____⑧_____ )
        printf( "找到关键字, 位置为% d\n", j + 1 );
    else
        printf( "找不到\n" );
    getch();

    printf( "\n 输入要查找的关键字" );
    scanf( "% d", &i );
    if( ( j = _____⑨_____ )
        printf( "找到关键字, 位置为% d\n", j + 1 );
    else
        printf( "找不到\n" );
    getch();
}
```

程序 2：提高题

```
# include < stdio. h >
# include < stdlib. h >
# define MAXQ 5                          / * 定义最大的工作量 * /
typedef struct workload {                / * 定义工作量的结构 * /
    int no;                              / * 工人工号 * /
    int q;                               / * 完成产品数量 * /
    struct workload * next;              / * 后继元素 * /
}WL;
```

```
void GetData( int maxno, int * no, int * q )      /* 随机产生工人的工作量数据 */
{
    * no = random( maxno );
    * q = random( MAXQ ) + 1;
}


WL * creat_wl( int maxno, int maxrc )             /* 创建职工工作量有序结构 */
{
    int no, q, i;
WL * u, * v, * p, * head;
    head = NULL;
    for( i = 0; i < maxrc; i++) {
        GetData( maxno, &no, &q );                /* 随机产生一条工人工作量数据 */
        printf( "[ % 4d] % 4d", no, q );
        for( v = head; _____①_____ ; v = v -> next )    /* 查找该工人记录 */
            u = v;
        if( v != NULL )          /* 该工人有记录,完成工作量累计,并从链表中删除该结点 */
            {
            if(_____②_____ )                      /* 该工号的工人为记录的首指针 */
                head = v -> next;
            else
                u -> next = v -> next;
            _____③_____ ;                         /* 工作量累计 */
            }
        else {                                    /* 新记录,申请结点并赋值 */
            if( (v = (WL * )malloc(sizeof(WL))) == NULL ) {
                printf( "空间申请失败!" );
                exit( -1 );
            }
            v -> no = _____④_____ ;
            v -> q = _____⑤_____ ;
        }
        p = head;
                                   /* 查找新结点的前驱结点 u 和后继结点 p */
        while(_____⑥_____ && _____⑦_____ ) {
            u = p;
            p = p -> next;
        }
        if( p == head )
            head = v;
        else
            u -> next = v;
        v -> next = p;
    }
    return head;
}


void print_wl( WL * head )
{
    int count, order;
    WL * u, * v;
```

```
        printf( "ORDER QUANTITY COUNT NUMBER\n" );
        u = head;
        order = 1;
        while( u != NULL ) {
            for( count = 1, v = u->next; _____⑧_____; v = v->next )
                _____⑨_____;                    /* 累计工作量相同的人数 */
            printf( "%4d%9d%6d", order, u->q, count );
            order += count;
            for( ; _____⑩_____ != 0; u = u->next )
                printf( "%4d", u->no );            /* 输出相同工作量的工人的工号 */
            printf( "\n" );
        }
    }


    void main()
    {
        WL * wl, * tmp;
            int i, j;
        while( 1 ) {
            printf( "输入工人数(<1000,>0), 工作量记录数(<10000,>0), <=0 退出\n" );
                    fflush( stdin );
            scanf( "%d%d", &i, &j );
            if( i <= 0 || j <= 0 )
                return;
            if( i >= 1000 || j >= 10000 )
                continue;
            wl = _____⑪_____;                   /* 创建职工工作量有序结构 */
            print_wl( wl );                        /* 按规定输出工作量结构数据 */
            while(_____⑫_____) {                 /* 释放空间 */
                tmp = wl->next;
                free( wl );
                wl = tmp;
            }
        }
    }
```

基础实验参考答案

实验 1

程序 1：

① (int *) malloc(ms * sizeof(int))

② L->size = 0;

③ L->size >= L->MaxSize

④ rc > L->size

⑤ L->list[i+1] = L->list[i];

⑥ i < L->size;

⑦ item == L->list[i]

```
int DeleteList2( LIST * L, int rc )        / * 删除指定位置的线性表记录,返回 0,表示删除成功 * /
{
    int i, n;
    if( rc < 0 || rc >= L->size )          / * 记录位置不在线性表范围内,返回错误 * /
            return -1;
    for( n = rc; n < L->size - 1; n++)
        L->list[n] = L->list[n+1];
    L->size -- ;
    return 0;
}
```

程序 2:

```
① i == 0
② &LL, i, r-1
③ OutputList( &LL );
④ FindList( &LL, i );
⑤ DeleteList1( &LL, i );
⑥ DeleteList2( &LL, r-1 );
```

程序 3:

```
# include < stdio. h >
struct LinearList
{
    int * list;
    int size;
    int MaxSize;
};
main()
{
    int list1[15] = {2,5,7,8,10,14,19,22,25,30};
    int list2[15] = {3,5,8,9,11,18,22,28,30,32,35};
    int list3[30];
    struct LinearList L1 = { list1, 10, 15 };
    struct LinearList L2 = { list2, 11, 15 };
    struct LinearList L3 = { list3, 0, 30 };
    int i, j, k;
    for( i = j = k = 0; k < L3. MaxSize & & i < L1. size & & j < L2. size; k++)
    {
        if( L1. list[i] > L2. list[j] )
            L3. list[k] = L2. list[j++];
        else if( L1. list[i] == L2. list[j] )
        {
            L3. list[k] = L1. list[i++];
            j++;
        }
        else
            L3. list[k] = L1. list[i++];
```

```
        }
        while( k < L3.MaxSize  & &  i < L1.size )
            L3.list[k++] = L1.list[i++];
        while( k < L3.MaxSize  & &  j < L2.size )
            L3.list[k++] = L2.list[j++];
        L3.size = k;
        printf( "合并后的数组长度是[ %d]\n 各元素如下 : \n", L3.size );
        for( k = 0; k < L3.size; k++)
            printf( " %4d", L3.list[k] );
        printf( "\n" );
        return 0;
}
```

程序 4：

① A[j++] = A[i]
② *n
③ del(A,&n,X,Y)

实验 2

程序 1：

① *p = NULL;
② i < rc & & r != NULL
③ r == *p
④ q->next = u;
⑤ r != NULL
⑥ *p = u;
⑦ item
⑧ free(r);
⑨ q->data != item
⑩ q->next != NULL
⑪ p = p->next
⑫ p != NULL
⑬ r = q;
⑭ free(r);

程序 2：

① InsertList1(&p, i, rc)
② FindList(p, i)
③ DeleteList(&p, i)
④ OutputList(p)
⑤ FreeList(&p)

程序 3：

① p != NULL
② p->next != NULL
③ p->next = q->next;

④ r = q;

⑤ disa(a, &b);

实验 3

程序 1：

① 栈满,进栈失败,返回 1

② stack[* toppt] = x;

③ toppt == 0

④ cp = stack[* toppt];

⑤ toppt − 1

程序 2：

① push(s, MAXN, &top, i) == 0

② pop(s, &top, &i) == 0

③ OutputStack(s, top);

程序 3：

① i < max & & flag == 0

② flag = pop(s, &top, &c);

③ top != 0

④ return;

⑤ correct(exp, strlen(exp)) != 0

程序 4：

```
int pushc( char * stack, int maxn, int * toppt, char x )        /* char 型元素进栈函数 */
{
    if( * toppt >= maxn )                  /* 栈满,进栈失败,返回 1 */
        return 1;
    stack[ * toppt] = x;                   /* 元素进栈 */
    ++( * toppt);                          /* 栈顶指针 + 1 */
        return 0;                          /* 进栈成功 */
}

int popc( char * stack, int * toppt, char * cp )  /* char 型元素出栈函数 */
{
    if( * toppt == 0 )                     /* 栈空,出栈失败,返回 1 */
        return 1;
    −−( * toppt);                          /* 栈顶指针 − 1 */
    * cp = stack[ * toppt];                /* 元素出栈 */
        return 0;                          /* 出栈成功 */
}

int eval( char tag, int a1, int a2 )          /* 算术运算 */
{
    switch( tag ) {
        case '+':
                return a1 + a2;
        case '−':
                return a1 − a2;
```

```
            case ' * ':
                        return a1 * a2;
            case '/':
                        return a1 / a2;
        }
        return 0;
}
```

① pushi(s, MAXN, &top, temp)
② popi(s, &top, exp);
③ int top = 0;
④ off++
⑤ popc(s, &top, &c);
⑥ popc(s, &top, &c) == 0
⑦ sin == NULL || sout == NULL
⑧ trans(sin, sout) == 0
⑨ operate(sout, &i)

实验 4

程序 1：

① p->data = x;
② * head = * tail = p;
③ (* head)->link;
④ head != NULL

程序 2：

① 将队列头和尾置为空
② EnQueue(&head, &tail, i)
③ DeQueue(&head, &tail, &i)

程序 3：

① (* tail + 1) % maxn
② (* tail + 1) % maxn
③ * cp = queue[* head];
④ h != t

程序 4：

① EnQueue(q, MAXN, &q_h, &q_t, i)
② DeQueue(q, MAXN, &q_h, &q_t, &i)

程序 5：

```
void EnQueue( QUEUE ** head, QUEUE ** tail, PATIENT x )        /* 进队操作 */
{
    QUEUE * p;
    p = (QUEUE *)malloc( sizeof(QUEUE) );
    p->data = x;
    p->link = NULL;                    /* 队尾指向空 */
    if( * head == NULL )               /* 队首为空,即为空队列 */
        * head = * tail = p;
```

```
        else {
            ( * tail) -> link = p;                    /* 新单元进队列尾 */
            * tail = p;                               /* 队尾指向新入队单元 */
            }
    }

int DeQueue( QUEUE ** head, QUEUE ** tail, PATIENT * cp )        /* 出队操作,返回 1 为队空 */
{
    QUEUE * p;
        p = * head;
    if( * head == NULL )                 /* 队空 */
        return 1;
    * cp = ( * head) -> data;
    * head = ( * head) -> link;
    if( * head == NULL )                 /* 队首为空,队尾也为空 */
        * tail = NULL;
    free( p );                           /* 释放单元 */
        return 0;
}
```

① head != NULL
② NULL
③ InitData(p, n);
④ i < n || head != NULL
⑤ dwait += p[i]. arrive - nowtime;
⑥ EnQueue(&head, &tail, p[i++]);
⑦ pwait += nowtime - curr.arrive;
⑧ EnQueue(&head, &tail, p[i++]);

程序 6：

① p != NULL
② * p = (* p) -> next;
③ q -> sortm < u -> sortm
④ v -> next = u;
⑤ InitJob(&rz, m, &all)
⑥ InitStu(&head, n, m)
⑦ all > 0 && head != NULL
⑧ Insert(&rz[i]. stu, p);
⑨ Insert(&head, p);
⑩ 重新入队
⑪ FreeStu(&head);

实验 5

程序 1：见"参考程序"。

程序 2：

① i < MAX
② a[i][j] = n++
③ j <= i

程序 3:

① pa = pb;
② bn == 0
③ j < bn
④ pa[k + j + 1] = pa[k + j + 1] − x * pb[j + 1]
⑤ pb
⑥ temp + an − bn + 1
⑦ bn − −
⑧ * q = pa
⑨ Input(&pA, &An, "A(x)") != 0
⑩ Remainder(pA, An, pB, Bn, &q)

实验 6

程序 1:

① j < n − m
② i < m && t[j + i] == p[i]
③ simple_match(s1[i], s2[i]) == 0

程序 2:

① ln = len2
② k + ln <= len2
③ i < ln && str2[k + i] == str1[p + i]
④ count
⑤ * lenpt = ln

程序 3:

① ln1 <= 80
② n / (i − j − 1)
③ n % (i − j − 1)
④ info[k + m]
⑤ 1 + lnw + sn[j]
⑥ lnb − −
⑦ j < i

实验 7

程序 1:

① * kpt != NULL
② (* kpt) −> data
③ * kpt = (* kpt) −> lchild
④ * kpt = (* kpt) −> rchild
⑤ q != NULL
⑥ r −> data = key
⑦ p −> lchild = r
⑧ p −> rchild = r
⑨ q −> rchild

⑩ q -> lchild

⑪ r -> rchild = q -> rchild

⑫ q -> lchild == NULL

⑬ p -> rchild = q -> rchild

⑭ r -> rchild = q -> rchild

⑮ q == p -> lchild

程序 2：

① InsertNode(&t, i)

② DeleteNode(&t, i) == 0

程序 3：

① tree != NULL || top != NULL

② push(&top, tree)

③ tree = tree -> lchild

④ top -> flag

⑤ pop(&top, &tree)

⑥ "%d", tree -> data

⑦ tree = tree -> rchild

实验 8

程序 1：

```
void re_preorder( TREE * tree )          /* 先序遍历, 采用递归方法 */
{
    if( tree != NULL ) {                  /* 不为空子树时递归遍历 */
        printf( "%d", tree -> data );     /* 先遍历父结点 */
        re_preorder( tree -> lchild );    /* 再遍历左子树 */
        re_preorder( tree -> rchild );    /* 最后遍历右子树 */
    }
}

void re_posorder( TREE * tree )          /* 后序遍历, 采用递归方法 */
{
    if( tree != NULL ) {                  /* 不为空子树时递归遍历 */
        re_posorder( tree -> lchild );    /* 先遍历左子树 */
        re_posorder( tree -> rchild );    /* 再遍历右子树 */
        printf( "%d", tree -> data );     /* 最后遍历父结点 */
    }
}
```

① printf("%d", tree -> data)

② tree -> rchild != NULL

③ push(&top, tree -> lchild)

④ tree != NULL || top != NULL

⑤ tree = tree -> lchild

⑥ printf("%d", tree -> data)

⑦ tree = tree -> rchild

⑧ tree != NULL

⑨ tree = tree -> lchild

⑩ top -> flag == 1

⑪ top -> flag = 1

程序2：见"参考程序"。

程序3：

① i < 2 * n - 1

② ht[k].weight

③ m1 = ht[k].weight

④ ht[k].weight

⑤ i

⑥ i

⑦ ht[j].weight + ht[r].weight

⑧ ht[f].left

⑨ '1'

⑩ f = ht[f].parent

⑪ hcd[i]

实验9

程序1：

① vn < 1 || vn > 30

② en <= vn * (vn - 1)/2

③ NULL

④ mg[k][i] = 0

⑤ p -> vno = j

⑥ p

⑦ p -> next = lg[j]

⑧ 1

⑨ i

⑩ visited[t -> vno] == 0

⑪ t = t -> next

⑫ g[i][j] == 1

⑬ visited[j] == 0

⑭ tail++

⑮ head++

⑯ t -> vno

⑰ visited[w] = 1

⑱ head < tail

⑲ g[v][j] == 1

⑳ queue[tail++] = j

㉑ ldfs(lg, 0)

㉒ mdfs(mg, 0, n)

㉓ lbfs(lg, 0, n)

㉔ mbfs(mg, 0, n)

程序2：

① sc++

② g[a[j]][a[k]]

③ g[0][j]
④ dist[j] > 0
⑤ dist[j] < dist[k]
⑥ dist[j] = - dist[k] + 1
⑦ dist[n-1]
⑧ j - 1
⑨ minLen( ) < 0

实验 10

程序 1：

① i + 1
② k != i
③ s_sort(E, N)

程序 2：

① t = e[i]
② t < e[j]
③ e[j+1] = t
④ si_sort(E, N)

程序 3：

① n - 1
② e[j] > e[j+1]
③ t = e[j]
④ e[j+1] = t
⑤ count2
⑥ sb_sort(E, N)

程序 4：

① j <= n
② a[k++] = e[i++]
③ e[i++]
④ e[j++]
⑤ f_s + 2 * len - 1
⑥ n - 1
⑦ merge_step(e, a, f_s, f_s + len - 1, s_end)
⑧ merge_pass(e, p, n, len)
⑨ merge_pass(p, e, n, len)
⑩ len * = 2
⑪ merge(E, N);

实验 11

程序 1：

① i < n && key != k[i]
② i < n && key > k[i]

③ low < = high

④ k[mid]

⑤ low = mid + 1

⑥ high = mid − 1

⑦ search1(E, N, i)) > = 0

⑧ search2(E, N, i)) > = 0

⑨ bin_search(E, N, i)) > = 0

程序 2：

① v != NULL & & v − > no != no

② v == head

③ v − > q += q

④ no

⑤ q

⑥ p != NULL

⑦ (p − > q < v − > q || p − > q == v − > q & & p − > no > no)

⑧ v != NULL & & v − > q == u − > q

⑨ count++

⑩ count − −

⑪ creat_wl(i, j)

⑫ wl != NULL

## 第三部分

课程设计实验

实验 1　航空客运订票系统

[**问题描述**]航空客运订票的业务活动包括查询航线和客票预订的信息、客票预订和办理退票等,设计一个程序使上述任务借助计算机来完成。

[**基本要求**]

1. 系统必须存储的数据信息。

(1) 信息:飞机抵达的城市、航班号、飞机号、起降时间、航班票价、票价折扣、总位置和剩余位置、已订票的客户名单。

(2) 客户信息:客户姓名、证件号、座位号。

2. 系统能实现的操作和功能。

(1) 承办订票业务:根据客户提出的要求(飞机抵达的城市、起降时间、订票数量)查询该航班的信息(包括票价、折扣和剩余位置),若满足要求,则为客户办理订票手续,输出座位号。

(2) 承办退票业务:根据客户提供的情况(航班号、订票数量)为客户办理退票手续。

(3) 查询功能:

① 查询航线信息:根据飞机降落地点输出航班号、飞机号、起降时间、航班票价、票价折扣和剩余位置等信息。

② 查询客户预订信息:根据客户证件号输出航班号、飞机号和座位号。

[**系统实现**]

设计思想

航班信息和客户预订名单采用线性表表示,为了方便插入和删除,建议用链表作为存储结构。整个系统需要汇总各条航线的情况并登录在一张线性表上,考虑到航线基本不变,可以采用顺序存储结构,并按航班有序或按终点站名有序。每条航线是这张表上的一个记录,包括 9 个域,其中乘员名单域为指向乘员名单链表的头指针。

参考程序

系统采用菜单的方式由操作者进行选择,并初始化了航线和预订顾客的信息,作为示意系统,全部数据可以只放在内存中。

```
# include < stdio.h >
# include < malloc.h >
# include < string.h >
# define OK 1
```

86

```
#define ERROR 0
typedef struct airline{                    /* 飞机航班的结构定义 */
        char air_num[8];
        char plane_num[8];
        char end_place[20];
        int  total;
        int  left;
        struct airline * next;
}airline;
typedef struct customer{                   /* 顾客信息的结构定义 */
        char name[8];
        char air_num[8];
        int  seat_num;
        struct customer * next;
}customer;
airline * start_air()                      /* 创建航班链表 */
{
        airline * a;
        a = (airline * )malloc(sizeof(airline));
        if(a == NULL)
      printf("空间不足");
        return a;
}
customer * start_cus()                     /* 创建顾客链表 */
{
        customer * c;
        c = (customer * )malloc(sizeof(customer));
        if(c == NULL)
      printf("空间不足");
        return c;
}
airline * modefy_airline(airline * l,char * air_num)          /* 修改航班的空余座位信息 */
{
        airline * p;
        p = l -> next;
        for(;p!= NULL;p = p -> next)
        {
                if(strcmp(air_num,p -> air_num) == 0)
                {
                        p -> left++;
                        return l;
                }
                printf("NO the airline!");
                return 0;
        }
}
int insert_air(airline ** p,char * air_num,char * plane_num,char * end_place,int total,int
left)                                      /* 增加航班信息 */
{
        airline * q;
        q = (airline * )malloc(sizeof(airline));
```

```c
        strcpy(q->air_num,air_num);
        strcpy(q->plane_num,plane_num);
        strcpy(q->end_place,end_place);
        q->total = total;
        q->left = left;
        q->next = NULL;
        (*p)->next = q;
        (*p) = (*p)->next;
        return OK;
        }
int   insert_cus(customer **p,char *name,char *air_num,int seat_num)
                                                /*增加某航班的顾客信息*/
{
        customer *q;
        q = (customer *)malloc(sizeof(customer));
        strcpy(q->name,name);
        strcpy(q->air_num,air_num);
        q->seat_num = seat_num;
        q->next = NULL;
        (*p)->next = q;
        (*p) = (*p)->next;
        return OK;
}
int book(airline *a,char *air_num,customer *c,char *name)        /*订票操作*/
{
        airline *p = a;
        customer *q = c->next;
        p = a->next;
        for(;q->next!= NULL;q = q->next){}
        for(;p->next!= NULL;p = p->next)
        {
                if(p->left > 0)
                {
                        printf("Your seat number is %d",(p->total-p->left+1));
                        insert_cus(&q,name,air_num,p->total-p->left+1);
                        p->left--;
                        return OK;
                }
                else
                {
                        printf("seat is full");
                        return 0;
                }
        }
}

int del_cus(customer *c,airline *l,char *name)        /*取消订票信息操作*/
{
        customer *p, *pr;
        char air_num[8];
        pr = c;
```

```
            p = pr -> next;
            while(p!= NULL)
            {
                    if(strcmp(p -> name, name) == 0)
                    {
                            strcpy(air_num, p -> air_num);
                            l = modefy_airline(l, air_num);
                            pr -> next = p -> next;
                            p = pr -> next;
                            printf("finish!");
                            return OK;
                    }
                    pr = pr -> next;
                    p = pr -> next;
            }
            printf("NO the customer!");
            return ERROR;
    }
    int search_air(airline * head)                /* 查找航班信息操作 */
    {
            airline * p = head -> next;
            printf("air_num  plane_num  end_place  total  left\n");
            for(;p!= NULL;p = p -> next)
            {
    printf("%s% -10s % -8s    % -8d % -8d\n", p -> air_num, p -> plane_num, p -> end_place,
    p ->total, p -> left);
            }
            return OK;
    }
    int search_cus(customer * head)                /* 查找顾客信息操作 */
    {
            struct customer * q = head -> next;
            printf("name    air_num    seat_num\n");
            for(;q!= NULL;q = q -> next)
            {
                    printf("% -8s% -12s% -d\n", q -> name, q -> air_num, q -> seat_num);
            }
            return OK;
    }
    int creat_air(airline ** l)                    /* 预先设置航班信息 */
    {
            airline * p = * l;
            int i = 0;
            char * air_num[3] = {"007af", "008af", "009af"};
            char * plane_num[3] = {"plane1", "plane2", "plane3"};
            char * end_place[3] = {"Beijing", "Shanghai", "Tianjin"};
            int total[3] = {100, 100, 100};
            int left[3] = {52, 54, 76};
            for(i = 0; i < 3; i++)
            insert_air(&p, air_num[i], plane_num[i], end_place[i], total[i], left[i]);
            return OK;
```

```
}
int creat_cus(customer ** l)                    /*预先设置已订票的顾客信息*/
{
        customer * p = * l;
        int i = 0;
        char * name[3] = {"zhsan","lisi","wangwu"};
        char * air_num[3] = {"007af","008af","009af"};
        int seat_num[3] = {2,5,7};
        for(i = 0;i < 3;i++)
        insert_cus(&p,name[i],air_num[i],seat_num[i]);
        return OK;

}
void main()
{
        int t = 1;
        customer * cus = start_cus();
        airline   * air = start_air();
        char name[8],air_num[8],ch;
        creat_air(&air);
        creat_cus(&cus);
        while(t == 1)
        {
                printf("\n");
                printf(" ******************************** \n");
                printf(" *      Welcome to air firm!      * \n");
                printf(" *            book ---------1          * \n");
                printf(" *            cancel -------2          * \n");
                printf(" *            search ------3          * \n");
                printf(" *            exit ---------4          * \n");
                printf(" ******************************** \n");
                ch = getch();
                if(ch == '1')
                {
                        printf("Please input a airline number:");
                        scanf(" % s",air_num);
                        printf("Please input a name:");
                        scanf(" % s",name);
                        book(air,air_num,cus,name);
                }
                else
                    if(ch == '2')
                    {
                        printf("Please input the cancel name:");
                        scanf(" % s",name);
                        del_cus(cus,air,name);
                    }
                    else
                        if(ch == '3')
                        {
                                search_air(air);
```

课程设计实验

```
                                          printf("\n");
                                          search_cus(cus);
                                    }
                              else
                                    if(ch == '4')
                                    {
                                        t = 0;
                                    }
                        }
      }
```

程序完善

1. 上述参考程序实现了哪些功能？指出存在的缺陷。

2. 程序应如何完善？

(1) 功能上的完善。

(2) 编写结构上的完善。

(3) 程序控制上的完善。

3. 增加从屏幕输入客户信息的功能,增加按航班号及客户号查找客户信息的功能。

实验 2　汉诺塔游戏程序

[**问题描述**]汉诺塔(Hanoi)问题是指在平面上有 3 个位置 a、b、c,在 a 位置上有 n 个大小不等的圆盘堆,且小盘压在大盘之上,要求将 a 位置的 n 个圆盘通过 b 位置移动到 c 位置上,并仍按同样的顺序叠放。移动圆盘时必须遵循下列规则:

(1) 每次只能够移动一个圆盘;

(2) 圆盘可以插放在 a、b、c 中的任何一个塔座上;

(3) 任何时刻都不能将一个较大的圆盘压在较小的圆盘之上。

解决以上问题的基本思想如下:

当 $n=1$ 时,问题比较简单,只要将该圆盘从塔座 a 上移动到塔座 c 上即可;

当 $n>1$ 时,需要利用塔座 b 做辅助塔座,若能设法将除底下最大的圆盘之外的 $n-1$ 个圆盘从塔座 a 移动到塔座 b 上,就可以将最大的圆盘从塔座 a 移至塔座 c 上,然后再将塔座 b 上的其余 $n-1$ 个圆盘移动到塔座 c 上。如何将 $n-1$ 个圆盘从一个塔座移至另一个塔座,跟原问题具有相同的特征属性,只是问题的规模小一些,因此可以用同样的方法求解。

[**基本要求**]

(1) 要求圆盘的个数可选择,即可以从键盘输入(例如 3~64)。

(2) 用动画的方式在屏幕上显示圆盘的移动路线。

(3) 程序界面要美观,并且能够完成游戏的整个过程。

[**实现提示**]

(1) 根据问题描述,可以将问题的解决分为三步:

① 将 a 位置的 $n-1$ 个圆盘通过 c 位置移动到 b;

② 将 a 位置的最后一个圆盘直接移到 c 位置;

③ 将 b 位置的 $n-1$ 个圆盘通过 a 位置移动到 c，完成整个任务。

其中，①和②的原理完全一样，只是位置不同，而①或③的完成又可以看做初始问题的解决，以③为例，即在上面移动的基础上将 b 位置的 $n-2$ 个圆盘通过 c 移动到 a，再将 b 位置的 $n-1$ 个圆盘直接移动到 c，再将 a 位置的 $n-2$ 个圆盘移动到 c 位置。

其余的依此类推，直到 $n=1$ 时为止。

以上过程正是 C 函数中的递归调用。

（2）问题的数学描述

依据上面的分析，可以构造两个函数来解决这个问题，一个为：

hanoi(int n,char a,char b,char c)

用于产生递归调用，其中 n 为移动的个数，a、b、c 分别为从哪里经过哪里到哪里这 3 个位置。

另一个就是移动函数：

move(char a,char c)

表示从哪里移动到哪里，a 和 c 同上。其递归调用关系如下：

```
void  Hanoi ( int  n,  char  a,  char  b,  char  c )
     /* 将塔座 a 上从上到下编号为 1 至 n 且按直径由小到大叠放的 n 个圆盘按规则移动到塔座 c
上,塔座 b 用做辅助塔座 */
   {  if  ( n = =1 )
        move ( a,  c );                 /* 将编号为 1 的圆盘从塔座 a 移动到塔座 c */
      else
       {  Hanoi ( n-1,  a,  c,  b );
                             /* 将 a 上编号为 1 至 n-1 的圆盘移至 b 上,c 做辅助塔座 */
         move ( a,  c );                /* 将编号为 n 的圆盘从 a 移动到 c */
         Hanoi ( n-1,  b,  a,  c );
                             /* 将 b 上编号为 1 至 n-1 的圆盘移至 c 上,a 做辅助塔座 */
       }
   }
```

（3）所需头文件：

```
# include "graphics.h"
# include "dos.h"
# include "stdio.h"
# include "alloc.h"
# include "stdlib.h"
# include "conio.h"
```

（4）显示与隐藏图像常用的函数：

```
size = imagesize(x1,y1,x2,y2);          /* 计算屏幕图像的大小 */
buffer = malloc(size);                  /* 申请用于保存图像的内存 */
getimage(x1,y1,x2,y2,buffer);           /* 保存图像进入缓冲区 */
putimage(xm1,ym1,buffer,COPY_PUT);      /* 从缓冲区中恢复图像 */
free(buffer);                           /* 释放内存缓冲区 */
```

[程序实现]

```c
#include "graphics.h"
#include "dos.h"
#include "stdio.h"
#include "alloc.h"
 int num1,num2,num3,h0,cy[66];
void plot1(int ,int ,int ,int );
 void move(char getone,char putone)
{    int x0 = 40,x,y,w,h,tx,ty,tw,th,x1,x2,y1,y2,xm1,ym1,xm2,ym2;
    int i,n,size;
    void * buffer, * buffer1;
    switch(getone)
    {
    case 'a':num1 -- ;break;
    case 'b':num2 -- ;break;
    case 'c':num3 -- ;break;
    default: exit(0);
    }
    switch(putone)
    {
    case 'a':num1++;break;
    case 'b':num2++;break;
    case 'c':num3++;break;
    default: exit(0);
    }
  switch(getone)
    {
    case 'a':x = 120;y1 = cy[num1 + 1] - h0;break;
    case 'b':x = 320;y1 = cy[num2 + 1] - h0;break;
    case 'c':x = 520;y1 = cy[num3 + 1] - h0;break;
    default: exit(0);
    }
  switch(putone)
    {
    case 'a':tx = 120 - 50;ty = cy[num1] - h0;break;
    case 'b':tx = 320 - 50;ty = cy[num2] - h0;break;
    case 'c':tx = 520 - 50;ty = cy[num3] - h0;break;
    default: exit(0);
    }
 x1 = x - 50;
 x2 = x + 50;
 y2 = y1 + h0;
 xm1 = (x1 + tx)/2;
 ym1 = (y1 + ty)/2;
 xm2 = xm1 + 100;
 ym2 = ym1 + h0;

 size = imagesize(x1,y1,x2,y2);
 buffer = malloc(size);
 getimage(x1,y1,x2,y2,buffer);
```

```
setfillstyle(SOLID_FILL,3);
bar(x1,y1,x2,y2);
setcolor(YELLOW);
line((x1 + x2)/2,y1,(x1 + x2)/2,y2);
buffer1 = malloc(size);
n = abs(tx − x1);
for(i = 0;i < n;i += 3)
{
xm1 = x1 + (float)(tx − x1)/n * i;
ym1 = y1 + (float)(ty − y1)/(tx − x1) * (xm1 − x1);
xm2 = xm1 + 100;
ym2 = ym1 + h0;
getimage(xm1,ym1,xm2,ym2,buffer1);
putimage(xm1,ym1,buffer,COPY_PUT);           /* delay(10); */
putimage(xm1,ym1,buffer1,COPY_PUT);
}
putimage(tx,ty,buffer,COPY_PUT);             /* delay(50); */

free(buffer1);
free(buffer);


}


void hanoi(int n,char one,char two,char three)
{
 if(n == 1) move(one,three);
 else
 {
   hanoi(n − 1,one,three,two);
   move(one,three);
   hanoi(n − 1,two,one,three);
 }
}
main()
{
int gdriver,gmode,x0 = 40,y0 = 400,x1,x2,x3,y1,y2,y3,x,y,w0 = 100;

int i,num,w,w1;
printf("Please input the number of plate(< = 64):");
scanf(" % d",&num);
if(num > 65)
 {printf ("number great than 64 ",exit(0));}
h0 = (y0 − 80)/num;
w1 = (100 − 10)/num;
num1 = num;
num2 = 0;
num3 = 0;
gdriver = DETECT;
initgraph(&gdriver,&gmode,"");
setfillstyle(SOLID_FILL,3);
bar(0,0,640,480);
```

```
    setcolor(15);                                /* white */
    line(1,1,637,1);
    line(1,1,1,477);
    line(0,0,638,0);
    line(0,0,0,478);
    setcolor(8);                                 /* darkgray */
    line(638,2,638,478);
    line(639,1,639,479);
    line(632,380,632,472);
    setcolor(14);                                /* yellow */
    line(x0,401,640-x0,401);
    line(x0+80,40,x0+80,400);
    line(x0+280,40,x0+280,400);
    line(x0+480,40,x0+480,400);
    x1=x0+80;
    x2=x0+280;
    x3=x0+480;
    for(x=x1,y=y0,w=w0,i=1;i<=num;i++,y=y-h0-1,w=w-w1)
      {
        plot1(x,y,w,h0);
        cy[i]=y;
        }
        setcolor(14);
    line(x0+80,40,x0+80,400);
    getch();
    hanoi(num,'a','b','c');
    getch();


}
void plot1(int x,int y,int w,int h)
{ int x1,x2,y1,y2,xc,yc,a,b;
  x1=x-w/2;
  x2=x+w/2;
  y1=y-h;
  y2=y;
  xc=(x1+x2)/2;
  yc=(y1+y2)/2;
  a=w/2;
  b=h/2;
   setfillstyle(SOLID_FILL,14);
                                                 /* bar(x1,y1,x2,y2); */
   setcolor(14);                                 /* yellow */
   setlinestyle(0,0,1);
   ellipse(xc,yc,0,360,a,b);
       floodfill(xc-2,yc,YELLOW);
   floodfill(xc+2,yc,YELLOW);
   setcolor(1);
   ellipse(xc,yc,0,360,a,b);
   ellipse(xc,yc,0,360,a-3,b-3);
    setfillstyle(SOLID_FILL,12);
    floodfill(xc-2,yc+b-2,BLUE);
```

```
floodfill(xc + 2, yc + b - 3, BLUE);
}
```

[**程序修改**]对上述程序进行修改,改变圆盘的移动路线。

实验 3　全屏幕编辑程序设计

[**问题描述**]完成类似于 EDITOR 的全屏幕编辑程序,能够实现以下功能。

(1) 进入编辑程序:Vi　文件名。

(2) 存盘和退出,按 Esc 键进入命令方式,所有的命令与文本的字母都区分大小写,其中包括:

① 存盘退出命令 X;

② 不存盘退出文件命令 Q;

③ 存盘命令 W。

(3) 移动光标:移动光标必须在命令工作方式下进行。

① 左移:左移一格用←或 h,左移 N 格用 Nh;

② 下移:下移一行用↓或 j,下移 N 行用 Nj;

③ 右移:右移一格用 →或 l,右移 N 格用 Nl;

④ 上移:上移一行用↑或 k,上移 N 行用 Nk;

⑤ 上翻一屏:按 PageUp 键或 Ctrl+B;

⑥ 下翻一屏:按 PageDown 键或 Ctrl+ F;

⑦ 移到行首:按 0;

⑧ 移到行尾:按 $;

⑨ 移到第 N 行行首:按 N(其中 0、1 为第一行,$ 为最后一行)。

(4) 插入文本:在命令工作方式下输入以下命令。

① I:在光标所在位置的前面插入文本;

② a:在光标所在位置的后面插入文本;

③ o:在光标所在位置的下面插入一个空行,还可以输入文本;

④ A:在光标所在行的行尾插入文本。

注:按 Esc 键结束一次编辑命令。

(5) 删除:

① 删除一个字符用 X,删除 N 个字符用 Nx(最多删到行尾);

② 删除一行用 dd。

(6) 检索字符串:

① 向后检索:/字符串(回车);

② 向前检索:? 字符串(回车);

③ 继续上次检索:n;

④ 反方向继续上次检索:N。

[**基本要求**]要求实现上述编辑功能。

[**实现提示**]关键是对字符数据结构进行操作。

[程序实现]

```c
#include<stdio.h>
#include<string.h>
#include<stdlib.h>
#include<conio.h>
#include<dos.h>
#include<bios.h>
#include<mem.h>
#define MAXROW 300
#define MAXCOL 80
#define MAXCMDTIMES 300
#define BackSpace 8
#define CR 13
#define ESC 27
#define UP 72
#define PGUP 73
#define LEFT 75
#define RIGHT 77
#define DOWN 80
#define PGDN 81
#define CTRL_B 2
#define CTRL_F 6
#define MIN(a,b) a>b ? b : a
#define MAX(a,b) a>b ? a : b


void beep( void );                        //响铃
int init( char * );                       //系统初始化
int editfun( char * );                    //全屏幕编辑主函数
void beep( void );                        //响铃
int write_file( char * );                 //将编辑内容写入文件
void refresh_scr( void );                 //刷新屏幕
int input_str( int , int , char * , int );  //定点输入一定长字符串
int display( int , char * );              //在屏幕指定行显示一行数据
int append( void );                       //在当前光标下加入一个空行
int search( char * );                     //查找文件中的匹配字段,返回 0 表示查找成功
typedef struct {                          //编辑文件的内存控制结构
    int allrec;                           //编辑记录行数
    int scry;                 //屏幕首条记录在整个文件中的位置,取值范围为[0…allrec-1]
    int shinex, shiney;
                //光标所在行的坐标,shinex 的范围为[1…MAXCOL],shiney 的范围为[1…24]
    unsigned char info[MAXROW][MAXCOL+1];   //编辑文件内容
}EDIT;
EDIT edit;
void main( int argc, char * argv[] )
{
    if( argc != 2 ) {
        printf( "Command error!\nUsage % s filename\n", argv[0] );
        return;
    }
    if( init(argv[1]) < 0 )               //初始化失败
```

```
            return;
        editfun( argv[1] );
        clrscr();                            //清屏
        exit( 0 );
}


int init( char * filename )                  //系统初始化,返回 0 表示成功,返回 -1 表示出错
{
        int i, j;
        FILE * fp;
        if( (fp = fopen(filename,"r")) == NULL ) {
            printf( "File % s is not exist! Create now!\n", filename );
            if( (fp = fopen(filename,"w")) == NULL ) {
                printf( "Can not create file % s\n", filename );
                return -1;
            }
            fprintf( fp, "\n" );             //加入一个空行
            fclose( fp );                    //创建一个空文件
            fp = fopen( filename , "r" );
        }
        memset( edit.info, 0, sizeof(edit.info) );                    //将编辑缓冲区清零
        for( i = 0 ; i < MAXROW ; i++) {
            fgets( edit.info[i], MAXCOL + 1 , fp );
            if( feof(fp) )                   //文件尾
                break;
            j = strlen( edit.info[i] ) - 1;
            if( edit.info[i][j] == '\n' )    //删除换行符
                edit.info[i][j] = '\0';
        }
        edit.allrec = i;
        edit.scry = 0;
        edit.shinex = 1;
        edit.shiney = 1;
        fclose( fp );
        return 0;
}


int editfun( char * filename )               //全屏幕编辑主函数, 返回 0 为存盘返回
{
        int editflag = 0;                    //处理方式,0 为命令方式,1 为编辑方式
        int nr;                              //编辑记录行号
        int i;
        int in_ch;                           //键盘输入字符的值
        int cmdtimes;                        //命令执行次数
        int rolllines;                       //屏幕滚动行数
        int len;                             //当前编辑行内容的长度
        char command[81];                    //命令行缓冲区
        char queryinfo[81];                  //查找字符缓冲区

        refresh_scr();                       //输出编辑内容
        memset( queryinfo, 0, sizeof(queryinfo) );
```

```
while( 1 ) {
    if( editflag == 1 && edit.allrec == 0 )          //编辑状态下至少有一个空行
        edit.allrec = 1;
    if( edit.shiney + edit.scry > edit.allrec )        //最后一页的最大可编辑行号
        edit.shiney = edit.allrec - edit.scry;
    nr = edit.shiney - 1 + edit.scry;  //当前编辑列,即 edit.info 的下标
    len = strlen( edit.info[nr] );
    if( edit.shinex >= len + 1 )          //光标所在位置的 X 轴坐标
        edit.shinex = ( editflag == 1 || len == 0 ) ? len + 1 : len;
    gotoxy( edit.shinex, edit.shiney );  //移动光标
    in_ch = getch();                      //从键盘接收一个字符,不回显
    if( editflag ) {                      //编辑方式
        switch( in_ch ) {
            case ESC:                     //ESC 表示一次输入的结束
                editflag = 0;
                if( edit.shinex > 1 )
                    edit.shinex -- ;      //光标左移一格
                break;
            case BackSpace:               //退格键表示删除一个字符
                if( edit.shinex > 1 ) {   //有字符可以删除
                for( i = edit.shinex - 1; i < MAXCOL - 1; i++ )  //数据前移一个字节
                        edit.info[nr][i] = edit.info[nr][i + 1];
                    if( edit.shinex > 1 )
                        edit.shinex -- ;                          //光标左移一格
                    display( edit.shiney, edit.info[nr] );        //刷新该行
                                }
                break;
            case CR:                      //回车表示要编辑下一行
                append();
                break;
            default:                      //其他情况表示输入一个字符
                for( i = MAXCOL - 1; i >= edit.shinex; i-- )      //数据后移一个字节
                    edit.info[nr][i] = edit.info[nr][i - 1];
                edit.info[nr][i] = (unsigned char)in_ch;
                if( edit.shinex < MAXCOL )
                    edit.shinex++;        //光标右移一格
                display( edit.shiney, edit.info[nr] );            //刷新该行
                break;
        }
    }
    else {                                //命令方式
        memset( command, 0, sizeof(command) );
        cmdtimes = 1;                     //命令执行次数默认为1
        if( in_ch >= '1' && in_ch <= '9' ) {            //输入数字,表示重复执行命令
            for( i = 0; in_ch >= '0' && in_ch <= '9'; i++ ) {
                command[i] = (char)in_ch;
                in_ch = getch();
            }
            cmdtimes = atoi( command );  //命令执行次数
            if( cmdtimes <= 0 || cmdtimes >= MAXCMDTIMES ) {  //输入越界
                beep();
```

```
                continue;
        }
    }
    if( in_ch == 0 )//按功能键←、↑、→、↓、PgUp、PgDn 时会产生组合键
        in_ch = getch();
    switch( in_ch ) {
        case 'i':                    //在光标所在位置的前面插入文本
            editflag = 1;            //进入编辑状态
            break;
        case 'a':                    //在光标所在位置的后面插入文本
                        edit.shinex++;
            editflag = 1;            //进入编辑状态
            break;
        case 'A':                    //在光标所在行的末尾插入文本
                        edit.shinex = len + 1;
            editflag = 1;            //进入编辑状态
            break;
        case 'o':                    //在光标的下一行插入一个空行
                        append();                            //添加一空行
            editflag = 1;            //进入编辑状态
            break;
        case ':':
            gotoxy( 1, 25 );
            clreol();                //清除提示行
            printf( ":" );
        if( input_str(2,25,command,sizeof(command) − 1) == 0 ){//输入正确
                if( strcmp(command,"x") == 0 ){                    //存盘退出
                    write_file( filename );
                    return 0;
                }
                if( strcmp(command,"q") == 0 )                     //放弃退出
                    return 1;
                if( strcmp(command,"w") == 0 )                     //存盘
                    write_file( filename );
        }
            break;
        case '/':                    //向后搜索
            gotoxy( 1, 25 );
          clreol();
            clreol();                //清除提示行
            printf( "/" );
        if( input_str(2,25,command,sizeof(command) − 1) == 0 ) //输入正确
                strcpy( queryinfo, command );
            else                     //输入错误,不查找
                break;
        case 'n':                    //继续向后搜索
            if( search(queryinfo) ) //没找到
                beep();
            break;
        case 'x':                    //删除 cmdtimes 个字符
            if( len ) {              //该编辑行中有内容
```

课程设计实验

```
                                   if( cmdtimes > len － edit.shinex ＋ 1 ) //最多删除至行尾
                                       cmdtimes = len － edit.shinex ＋ 1;
                                   for( i = 0; i < len － edit.shinex ＋ 1 － cmdtimes; i++)
                                       //数据前移 cmdtimes 个字符
                   edit.info[nr][edit.shinex ＋ i － 1] =
                   edit.info[nr][edit.shinex ＋ i ＋ cmdtimes － 1];
                   memset( edit.info[nr] ＋ len － cmdtimes, 0, cmdtimes );          //将行尾置 0
                                   display( edit.shiney, edit.info[nr] );            //显示一行数据
                       }
                       else                          //无字符可删
                           beep();
                       break;
               case 'd':                       //dd 行删除
                   in_ch = getch();
                   if( in_ch == 'd' & & edit.allrec > 0 ) {                    //有记录行可删
               if( cmdtimes >= edit.allrec － edit.shiney － edit.scry ＋ 1 //删除至行尾
                               cmdtimes = edit.allrec － edit.shiney － edit.scry ＋ 1;
                   for( i = edit.scry ＋ edit.shiney － 1; i < edit.allrec － cmdtimes; i++)
                               memcpy(edit.info[i],edit.info[i＋cmdtimes], AXCOL ＋ 1 );
                               //移动 cmdtimes 行
                               memset( edit.info[i], 0, (MAXCOL ＋ 1) * cmdtimes );
                           //文件尾清零
                           if( edit.shiney > 1 )
                               edit.shiney -- ;                                     //光标上移一行
                           if( edit.scry > 0 )
                               edit.scry -- ;
                           edit.allrec -= cmdtimes;
                           refresh_scr();      //刷新屏幕
                       }
                       else                          //无记录行可删
                           beep();
                       break;
               case '0':                      //光标移至行首
                       edit.shinex = 1;
                                           break;
               case '$ ':                     //光标移至行尾
                       edit.shinex = 1;
                       break;
               case LEFT:
               case 'h':                       //光标左移 cmdtimes 格
                       edit.shinex -= cmdtimes;
                   if( edit.shinex < 1 )    //最多移到行首
                           edit.shinex = 1;
                       break;
               case RIGHT:
               case 'l':                       //光标右移 cmdtimes 格
                       edit.shinex += cmdtimes;
                   if( edit.shinex > len )  //最多移到行尾
                           edit.shinex = len;
                       break;
               case DOWN:
```

```
            case 'j':                          //光标下移 cmdtimes 行
                rolllines = MAX( 0, edit.shiney + cmdtimes - 24 );
                if( rolllines > edit.allrec - 24 - edit.scry )    //最多下滚到文件尾
                    rolllines = MAX( 0, edit.allrec - 24 - edit.scry );
                if( rolllines ) {             //屏幕下滚 rolllines 行
                    edit.scry += rolllines;
                    refresh_scr();
                }
                edit.shiney = MIN( edit.shiney + cmdtimes, 24 );
                break;
            case UP:
            case 'k':                          //光标上移 cmdtimes 行
                rolllines = MAX( 0, cmdtimes - edit.shiney + 1 );
                if( rolllines > edit.scry )                    //最多上滚到文件头
                    rolllines = edit.scry;
                if( rolllines ) {             //屏幕上滚 rolllines 行
                    edit.scry -= rolllines;
                    refresh_scr();     //刷新屏幕
                }
                edit.shiney = MAX( edit.shiney - cmdtimes, 1 );
                break;
            case PGDN:
            case CTRL_F:                       //下翻 cmdtimes 页
                rolllines = MIN( 24 * cmdtimes, edit.allrec - 24 - edit.scry );
                if( rolllines > 0 ) {    //屏幕有滚动
                    edit.scry += rolllines;
                    edit.shiney = 1;    //光标移动到行首
                    refresh_scr();     //刷新屏幕
                }
                break;
            case PGUP:
            case CTRL_B:                       //上翻 cmdtimes 页
                rolllines = MIN( 24 * cmdtimes, edit.scry );
                if( rolllines > 0 ) {    //屏幕有滚动
                    edit.scry -= rolllines;
                    edit.shiney = 1;
                    refresh_scr();     //刷新屏幕
                }
                break;
            default:                           //其他情况不处理
                beep();
                break;
        }
    }
    }
    }
}

void beep()                                //响铃
{
    sound( 800 );                          //开扬声器
    delay( 100 );                          //延时 100 毫秒
```

```
        nosound();                              //关扬声器
    }

    int write_file( char * filename )           //将编辑内容写入文件
    {
        int i;
        FILE * fp;
        if( ( fp = fopen(filename,"w") ) == NULL ) {
            printf( "Can not create file % s\n", filename );
            return - 1;
        }
        for( i = 0; i < edit.allrec; i++ )
            fprintf( fp, "% s\n", edit.info[i] );
        fclose( fp );
    return 0;
    }


    void refresh_scr()                          //刷新屏幕
    {
        int i;
        for( i = 0; i < 24; i++) {
            gotoxy( 1, i + 1 );                 //光标移动到行首
            clreol();                           //清一行
            if( edit. scry + i < edit.allrec )
                printf( "% s\n", edit. info[edit. scry + i] );
        }
            gotoxy( edit. shinex, edit. shiney );  //移动光标到编辑位置
    }


    int input_str( int x, int y, char * str, int len )              //在定点输入一定长字符串
    {
        int i;
        int in_ch;
        memset( str, 0, len );
        for( i = 0; i < len - 1 & & (in_ch = getch()) != CR; ) {       //换行表示输入结束
            gotoxy( x, y );
            if( in_ch == BackSpace ) {          //退格键,表示删除一个字符
                if( i == 0 )                    //删除所有输入,表示放弃此次输入
    return - 1;
                str[i] = '\0';
                i--;
                x--;
            } else {                            //其他情况表示输入一个字符
                str[i] = (char)in_ch;
                printf( str + i );              //显示输入字符
                fflush( stdout );               //刷新标准输出设备(即屏幕输出)
                i++;
                x++;
            }
        }
            return 0;
```

```
}

int display( int y, char * str )            //在屏幕指定行显示一行数据
{
    clreol();                               //清除一行
    gotoxy( 1, y );                         //将光标移动到行首
    printf( str );
    fflush( stdout );
    return 0;
}


int append()                                //在当前光标下加入一个空行
{
    int i;
    int nr;                                 //编辑记录在缓冲区中的行号
nr = edit.shiney - 1 + edit.scry;
    if( edit.allrec >= MAXROW ) {           //编辑行数越界
        display( 25, "Too many lines" );
        return -1;
    }
    for( i = edit.allrec; i > nr + 1; i-- )//数据后移一行
        memcpy( edit.info[i], edit.info[i-1], MAXCOL + 1 );
    memset( edit.info[nr + 1], 0, MAXCOL + 1 );                    //在光标后插入一个空行
    edit.allrec++;
    if( edit.shiney >= 24 ) {               //光标所在位置为屏幕的最后一行
        edit.shiney = 24;
        edit.scry++;                        //屏幕下移一行
    } else
        edit.shiney++;                      //光标下移一行
    refresh_scr();                          //刷新屏幕
    return 0;
}

int search( char * str )                    //查找文件中的匹配字段,返回0表示查找成功
{
    int i, j, len, cmplen;
        len = strlen( str );
    if( len == 0 )                          //无查找内容
        return -1;
    j = edit.shinex;
    for( i = edit.scry + edit.shiney - 1; i < edit.allrec; i++) {
        cmplen = strlen( edit.info[i] ) - len;
        for( ; j <= cmplen; j++)
            if( strncmp( edit.info[i] + j, str, len ) == 0 )
                break;
        if( j <= cmplen )                   //查到匹配字段
            break;
        j = 0;
    }
    if( i == edit.allrec )                  //搜索到文件尾,表示查找失败
        return -1;
```

```
    if( i >= edit.scry && i < edit.scry + 24 ) {          //匹配的内容在当前屏幕内
        edit.shinex = j + 1;
        edit.shiney = i + 1 - edit.scry;
        gotoxy( edit.shinex, edit.shiney );
    } else {                                               //匹配的内容不在当前屏幕内
        edit.shinex = j + 1;
        edit.shiney = 1;
        edit.scry = i;
        refresh_scr();
    }
    return 0;
}
```

实验4 旅游路线安排模拟系统

[**问题描述**]构造一条旅游线路,假设城市间的往返旅费可以不等,设计一个计算机程序模拟从温州出发游玩某旅游线路上的各个城市,要求总的旅费最少。

[**实现提示**]采用矩阵 a 表示各景点之间的关系,其中,矩阵元素 a_{ij} 表示从 i 号城市到 j 号城市的旅费。求解该问题的算法是在表的每行中寻找最小元素,若该行为非∞元素则减该数。再对每列做同样的工作,形成一个新的矩阵 b(保证每行、每列均不少于一个元素为零),所有减数累加为 min(其含义为旅费下界),下面演示求解的过程。

根据问题描述,各城市之间所构成的初始旅费矩阵和变换如下:

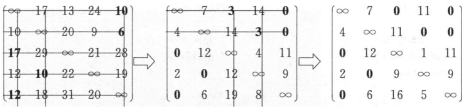

在上述矩阵变换的过程中,根据每行和每列所选取最小值累加得到的 min 的值为 61。

现在设定从 0 号城市(温州)出发,若选第 i 号到第 j 号城市,则矩阵元素 b_{ij} 表示还需要旅费,同时由于选了 $i \rightarrow j$,则 i 不可能再选向其他城市,则第 i 行全部填∞。同理,由于 j 已经由 i 过来,则第 j 号城市不可能由其他城市过来,因此第 j 列也全部填∞。对新矩阵 b 施行上述规则,找出去余下城市旅游所需旅费的下界 m_j,对于不同的 j,比较 $m_j + b_{ij}$,选择最小的一个为从 i 到达的城市,并将选择路径记下,如此重复直到选完,下面具体描述选择过程。

从温州出发有4种可能:

温州→1 min=16

$$
\begin{pmatrix}
\infty & \infty & \infty & \infty & \infty \\
4 & \infty & 2 & 0 & 0 \\
0 & \infty & \infty & 1 & 11 \\
0 & \infty & 0 & \infty & 7 \\
0 & \infty & 9 & 5 & \infty
\end{pmatrix}
$$

温州→2 min=0

$$
\begin{pmatrix}
\infty & \infty & \infty & \infty & \infty \\
4 & \infty & \infty & 0 & 0 \\
0 & 12 & \infty & 1 & 11 \\
2 & 0 & \infty & \infty & 9 \\
0 & 6 & \infty & 5 & \infty
\end{pmatrix}
$$

温州→3　min＝20　　　　　　温州→4　min＝9

$$\begin{pmatrix} \infty & \infty & \infty & \infty & \infty \\ 4 & \infty & 2 & \infty & 0 \\ 0 & 12 & \infty & \infty & 11 \\ 2 & 0 & 0 & \infty & 9 \\ 0 & 6 & 7 & \infty & \infty \end{pmatrix} \qquad \begin{pmatrix} \infty & \infty & \infty & \infty & \infty \\ 4 & \infty & 2 & 0 & \infty \\ 0 & 12 & \infty & 1 & \infty \\ 2 & 0 & 0 & \infty & \infty \\ 0 & 6 & 7 & 5 & \infty \end{pmatrix}$$

根据上述矩阵的最小值原则,应该选择温州→2,然后再从 2 出发,有 3 种选择:

2→1　min＝14　　　　　　2→3　min＝1　　　　　　2→4　min＝11

$$\begin{pmatrix} \infty & \infty & \infty & \infty & \infty \\ 4 & \infty & \infty & 0 & 0 \\ \infty & \infty & \infty & \infty & \infty \\ 0 & \infty & \infty & \infty & 7 \\ 0 & \infty & \infty & \infty & 5 \end{pmatrix} \quad \begin{pmatrix} \infty & \infty & \infty & \infty & \infty \\ 4 & \infty & \infty & \infty & 0 \\ \infty & \infty & \infty & \infty & \infty \\ 2 & 0 & \infty & \infty & 9 \\ 0 & 6 & \infty & \infty & \infty \end{pmatrix} \quad \begin{pmatrix} \infty & \infty & \infty & \infty & \infty \\ 4 & \infty & \infty & 0 & \infty \\ \infty & \infty & \infty & \infty & \infty \\ 2 & 0 & \infty & \infty & \infty \\ 0 & 6 & \infty & 5 & \infty \end{pmatrix}$$

此时应该选择 2→3,从 3 出发,有两种选择:

3→1　min＝0　　　　　　　　3→4　min＝19

$$\begin{pmatrix} \infty & \infty & \infty & \infty & \infty \\ 4 & \infty & \infty & \infty & 0 \\ \infty & \infty & \infty & \infty & \infty \\ \infty & \infty & \infty & \infty & \infty \\ 0 & \infty & \infty & \infty & \infty \end{pmatrix} \qquad \begin{pmatrix} \infty & \infty & \infty & \infty & \infty \\ 0 & \infty & \infty & \infty & \infty \\ \infty & \infty & \infty & \infty & \infty \\ \infty & \infty & \infty & \infty & \infty \\ 0 & 0 & \infty & \infty & \infty \end{pmatrix}$$

从中选择 3→1,再从 1 出发,可选 1→4:

1→4　min＝0

$$\begin{pmatrix} \infty & \infty & \infty & \infty & \infty \\ \infty & \infty & \infty & \infty & \infty \\ \infty & \infty & \infty & \infty & \infty \\ \infty & \infty & \infty & \infty & \infty \\ 0 & \infty & \infty & \infty & \infty \end{pmatrix}$$

[程序实现]

```c
# include < stdio. h >
# define n 5
# define max 1000
typedef int array[n][n];
array a,b,c,d;
int path[n],s[n];
int p(array b, int * m)
{
    int pi,pj,pk;
    * m = 0;
    for(pi = 0;pi < n;pi++)
    {
      pk = max;
      for(pj = 0;pj < n;pj++)
```

```
        if(b[pi][pj]< pk)
          pk = b[pi][pj];
        if((pk > 0)& &(pk!= max))
        {
            * m = * m + pk;
          for(pj = 0;pj < n;pj++)
            if(b[pi][pj]!= max)
              b[pi][pj] = b[pi][pj] - pk;
        }
    }
    for(pj = 0;pj < n;pj++)
    {
      pk = max;
      for(pi = 0;pi < n;pi++)
      if(b[pi][pj]< pk)
      pk = b[pi][pj];
      if((pk > 0)& &(pk!= max))
        {
            * m = * m + pk;
          for(pi = 0;pi < n;pi++)
            if(b[pi][pj]!= max)
              b[pi][pj] = b[pi][pj] - pk;
        }
    }
    return;
    }

    main()
    {
      int i,j,k,min,m1,m,jj,kk,si,sj;
      printf("\n input travelling expenses table:");
      printf("\n");
      for(i = 0;i < n;i++)
        for(j = 0;j < n;j++)
          scanf(" % d",&a[i][j]);
      for(i = 0;i < n;i++)
        a[i][i] = max;
      k = 0;
      path[0] = 0;
      i = 0;
      s[0] = max;
      for(sj = 0;sj < n;sj++)
      for(si = 0;si < n;si++)
      b[si][sj] = a[si][sj];
    p(b,&min);
    do
    {
      m1 = max;
      for(j = 0;j < n;j++)
      if((s[j] == 0)& &(b[i][j]!= max))
        {
```

```
        for(si = 0;si < n;si++)
            for(sj = 0;sj < n;sj++)
                c[si][sj] = b[si][sj];
        for(kk = 0;kk < n;kk++)
        {
            c[i][kk] = max;
            c[kk][j] = max;
        }
        p(c,&m);
        if(m + b[i][j]< m1)
        {
            m1 = m + b[i][j];
            jj = j;
            for(si = 0;si < n;si++)
                for(sj = 0;sj < n;sj++)
                    d[si][sj] = c[si][sj];
        }
        }
        for(si = 0;si < n;si++)
            for(sj = 0;sj < n;sj++)
                b[si][sj] = d[si][sj];
        min = min + m1;
        i = jj;
        k = k + 1;
        path[k] = jj;
        s[jj] = max;
        sj = max;
        for(si = 0;si < n;si++)
            if(s[si]!= max)
                sj = 0;
    }
    while(sj!= max);
    printf("\n\n the route path is:");
    for(i = 0;i < = k;i++)
        printf(" % 4d ->",path[i]);
    printf("温州");
    printf("\n total of travelling expense :");
    printf(" % 5d",min);
}
```

实验 5　停车场管理

[问题描述]设停车场内只有一个停放 n 辆汽车的狭长通道,且只有一个大门可供汽车进出。汽车在停车场内按车辆到达时间的先后顺序依次由北向南排列(大门在最南端,最先到达的第一辆车停放在车场的最北端),若车场内已停满 n 辆汽车,则后来的汽车只能在门外的便道上等候,一旦有车开走,则排在便道上的第一辆车即可开入;当停车场内的某辆车要离开时,在它之后开入的车辆必须先退出车场为它让路,待该辆车开出大门外时,其他车辆再按原次序进入车场,每辆停放在车场的车在它离开停车场时必须按停留的时间长短交

纳费用。试为停车场编制按上述要求进行管理的模拟程序。

[基本要求]以栈模拟停车场,以队列模拟车场外的便道,按照从终端读入的输入数据序列进行模拟管理。每一组输入数据包括 3 个数据项,即汽车"到达"或"离去"信息、汽车牌照号码以及到达或离去的时刻,对每一组输入数据进行操作后的输出数据为:若是车辆到达,则输出汽车在停车场内或便道上的停车位置;若是车辆离去,则输出汽车在停车场内停留的时间和应交纳的费用(在便道上停留的时间不收费)。栈以顺序结构实现,队列以链表实现。

[测试数据]

设 $n=2$,输入数据为('A',1,5)、('A',2,10)、('D',1,15)、('A',3, 20)、('A',4,25)、('A',5,30)、('D',2,35)、('D',4,40)、('E',0,0)。其中,'A'表示到达,'D'表示离去,'E'表示输入结束。

[实现提示]需另设一个栈,用于临时停放为给要离去的汽车让路而从停车场退出来的汽车,也用顺序存储结构实现。输入数据按到达或离去的时刻有序,栈中的每个元素表示一辆汽车,包含两个数据项,即汽车的牌照号码和进入停车场的时间。

[选作内容]

(1) 两个栈共享空间,思考应开辟数组的空间是多少?

(2) 汽车可以有不同的种类,则它们的占地面积不同,收费标准也不同。例如 1 辆客车和 1.5 辆小汽车的占地面积相同,1 辆十轮卡车的占地面积相当于 3 辆小汽车的占地面积。

(3) 汽车可以直接从便道上开走,此时排在它前面的汽车要先开走让路,然后再依次排到队尾。

(4) 停放在便道上的汽车也收费,收费标准比停放在停车场的汽车低,请思考如何修改结构以满足这种要求。

实验 6 最小生成树的 Kruskal 算法

[问题描述]Kruskal 算法是根据边的权值以递增的方式依次找出权值最小的边来建立最小生成树,规定每次添加的边不能造成生成树有回路。

[基本要求]例如,一个图中的所有边按权值递增排序如下:

(4,5)2   (3,4)3   (1,4)5   (1,3)6
(1,2)7   (2,4)8   (2,5)8   (3,5)9   (1,5)12   (2,3)14

步骤1:将(4,5)的边添加到生成树中;

步骤2:将(3,4)的边添加到生成树中;

步骤3:将(1,4)的边添加到生成树中;

步骤4:将(1,3)的边添加到生成树中,但发现这时出现了回路(1,3,4 顶点),改用将边(1,2)添加到生成树中,现在已经连通了 1、2、3、4、5 所有顶点,最小生成树建立完成。

[实现提示]下面看程序,读入一个带权连通无向图 G,生成最小生成树 T,输出 T 的各边及各边的权值之和。输入形式如下:

```
n i j w … -1 -1 -1
```

其中，n 表示图的顶点个数，i、j、w 表示从顶点 i 到顶点 j 的权值为 w 的一条边。

我们的方法是读入一条边后按照权值由小到大的顺序把这条边插入到链表，然后从链表中读边生成树。

[程序实现]

```
/*最小生成树的 Kruskal 算法用邻接矩阵做图*/
#include<stdio.h>
#include<stdlib.h>
#define M 20
#define MAX 20
typedef struct
{
int begin;
int end;
int weight;
}edge;
typedef struct
{
int adj;
int weight;
}AdjMatrix[MAX][MAX];
typedef struct
{
AdjMatrix arc;
int vexnum, arcnum;
}MGraph;
void CreatGraph(MGraph * );              //函数声明
void sort(edge * ,MGraph * );
void MiniSpanTree(MGraph * );
int   Find(int * , int );
void Swapn(edge * , int, int);
void CreatGraph(MGraph * G)              //构件图
{
int i, j,n, m;
printf("请输入边数和顶点数:");
scanf("%d %d",&G->arcnum,&G->vexnum);
for (i = 1; i <= G->vexnum; i++)        //初始化图
{
for ( j = 1; j <= G->vexnum; j++)
{
G->arc[i][j].adj = G->arc[j][i].adj = 0;
}
}
for ( i = 1; i <= G->arcnum; i++)//输入边和权值
{
printf("\n请输入有边的两个顶点");
scanf("%d %d",&n,&m);
while(n < 0 || n > G->vexnum || m < 0 || n > G->vexnum)
```

```
    {
    printf("输入的数字不符合要求,请重新输入:");
    scanf("%d%d",&n,&m);
    }
    G->arc[n][m].adj = G->arc[m][n].adj = 1;
    getchar();
    printf("\n请输入%d与%d之间的权值:", n, m);
    scanf("%d",&G->arc[n][m].weight);
    }
    printf("邻接矩阵为:\n");
    for ( i = 1; i <= G->vexnum; i++)
    {
    for ( j = 1; j <= G->vexnum; j++)
    {
    printf("%d ",G->arc[i][j].adj);
    }
    printf("\n");
    }
    }
    void sort(edge edges[ ],MGraph * G)          //对权值进行排序
    {
    int i, j;
    for ( i = 1; i < G->arcnum; i++)
    {
    for ( j = i + 1; j <= G->arcnum; j++)
    {
    if (edges[i].weight > edges[j].weight)
    {
    Swapn(edges, i, j);
    }
    }
    }
    printf("权值排序之后为:\n");
    for (i = 1; i < G->arcnum; i++)
    {
    printf("<< %d, %d >>    %d\n", edges[i].begin, edges[i].end, edges[i].weight);
    }
    }
    void Swapn(edge * edges,int i, int j)          //交换权值以及头和尾
    {
    int temp;
    temp = edges[i].begin;
    edges[i].begin = edges[j].begin;
    edges[j].begin = temp;
    temp = edges[i].end;
    edges[i].end = edges[j].end;
    edges[j].end = temp;
    temp = edges[i].weight;
```

```c
edges[i].weight = edges[j].weight;
edges[j].weight = temp;
}
void MiniSpanTree(MGraph * G)          //生成最小生成树
{
int i, j, n, m;
int k = 1;
int parent[M];
edge edges[M];
for ( i = 1; i < G->vexnum; i++)
{
for (j = i + 1; j <= G->vexnum; j++)
{
if (G->arc[i][j].adj == 1)
{
edges[k].begin = i;
edges[k].end = j;
edges[k].weight = G->arc[i][j].weight;
k++;
}
}
}
sort(edges, G);
for (i = 1; i <= G->arcnum; i++)
{
parent[i] = 0;
}
printf("最小生成树为:\n");
for (i = 1; i <= G->arcnum; i++)           //核心部分
{
n = Find(parent, edges[i].begin);
m = Find(parent, edges[i].end);
if (n != m)
{
parent[n] = m;
printf("<< %d, %d >>    %d\n", edges[i].begin, edges[i].end, edges[i].weight);
}
}
}
int Find(int * parent, int f)              //找尾
{
while ( parent[f] > 0)
{
f = parent[f];
}
return f;
}
int main(void)                             //主函数
```

```
{
MGraph * G;
G = (MGraph*)malloc(sizeof(MGraph));
if (G == NULL)
{
printf("memory allcation failed,goodbye");
exit(1);
}
CreatGraph(G);
MiniSpanTree(G);
system("pause");
return 0;
}
```

模拟试题 1

一、简答题（每小题 3 分，共 15 分）

1. 非线性结构中的元素之间存在着什么关系？

2. 比较顺序表与单链表的优点和缺点。

3. 在冒泡排序过程中，什么情况下排序码会朝着与最终排序相反的方向移动？

4. 写出栈的链式存储结构的类型定义。

5. 在什么情况下二叉排序树的查找性能较好？在什么情况下二叉排序树的查找性能最差？

二、判断题（每小题 1 分，共 5 分）

若正确在（　　）内打√，否则打×。

1. 在拓扑序列中，如果结点 V_i 排在结点 V_j 的前面，则一定存在从 V_i 到 V_j 的路径。

（　　）

2. 在采用线性探测法处理冲突的散列表中，所有同义词在表中一定相邻。　（　　）

3. 在一个小根堆中，具有最大值的元素一定是叶结点。　（　　）

4. 索引顺序表的特点是块间可无序，但块内一定要有序。　（　　）

5. 哈夫曼树中没有度为 1 的结点，所以必为满二叉树。　（　　）

三、单选题（每小题 1 分，共 5 分）

1. 对于只在表的首、尾进行插入操作的线性表，宜采用的存储结构为（　　）。

    A. 顺序表　　　　　　　　　　　　B. 用头指针表示的单循环链表

    C. 用尾指针表示的单循环链表　　　　D. 单链表

2. 假设以第一个元素为分界元素，对字符序列（Q，H，C，Y，P，A，M，S，R，D，F，X）进行快速排序，则第一次划分的结果是（　　）。

    A.（A，C，D，F，H，M，P，Q，R，S，X，Y）

    B.（A，F，H，C，D，P，M，Q，R，S，Y，X）

    C.（F，H，C，D，P，A，M，Q，R，S，Y，X）

    D.（P，A，M，F，H，C，D，Q，S，Y，R，X）

3. 下面是 3 个关于有向图运算的叙述：

（1）求有向图结点的拓扑序列，其结果必定是唯一的。

（2）求两个指向结点间的最短路径，其结果必定是唯一的。

(3) 求 AOE 网的关键路径,其结果必定是唯一的。

其中( )是正确的。

    A. 只有(1)   B. (1)和(2)   C. 都正确   D. 都不正确

4. 若进栈序列为 a、b、c,则通过入、出栈操作可能得到的 a、b、c 的不同排列个数为( )。

    A. 4   B. 5   C. 6   D. 7

5. 以下关于广义表的叙述,正确的是( )。

    A. 广义表是由 0 个或多个单元素(或子表)构成的有限序列

    B. 广义表至少有一个元素是子表

    C. 广义表不能递归定义

    D. 广义表不能为空表

四、填空题(每小题 2 分,共 20 分)

1. 一棵含有 101 个结点的完全二叉树存储在数组 $A[1..101]$ 中,对于 $1 \leqslant k \leqslant 101$,若 $A[k]$ 是非叶子结点,则 k 的最小值是_____、k 的最大值是_____。

2. 设 s= 'YOU ARE JUDGING IT RIGHT OR WRONG',顺序执行操作"SubString (sub1,s,1,8);SubString(sub2,s,20,5);StrCat(sub1,sub2);",则最后 sub1 的值为_____。

3. 若一个算法中的语句频度之和 $T(n) = 3720n + 4n\log n$,则算法的时间复杂度为_____。

4. 广义表((((a),b),c),d)的表头是_____,表尾是_____。

5. 已知有向图的邻接矩阵,计算 i 号结点的入度的方法是将_____累加。

6. 在一个单链表中,要在 p 所指结点之后插入一个子链表,子链表的第一个结点的地址为 s,子链表的最后一个结点的地址为 t,应执行操作_____和_____。

7. 用带头结点的循环链表表示的队列,若只设尾指针 rear,则队空的条件是_____。

8. 已知二维数组 $A[10][20]$ 采用行序为主的方式存储,每个元素占两个存储单元,并且 $A[0][0]$ 的存储地址是 1024,则 $A[6][18]$ 的地址是_____。

9. 在表示二叉树的二叉链表中共有_____个空链域。

10. n 个顶点的连通无向图最少有_____条边,最多有_____条边。

五、构造题(每小题 6 分,共 30 分)

1. 已知二叉树的中序序列为 DBGEAFC,后序序列为 DGEBFCA,给出对应的二叉树。

2. 已知一个图的顶点为 A、B、C、D,其邻接矩阵的上三角元素全为 0(包括主对角线元素),其他元素均为 1,请画出该图,并给出其邻接表。

3. 给定权值{8,12,4,5,26,16,9},构造一棵带权路径长度最短的二叉树,并计算其带权路径长度。

4. 下图表示一个地区的通信网,边表示城市间的通信线路,边上的权值表示架设线路花费的代价,请找出能连通每个城市且总代价最低的 $n-1$ 条线路。

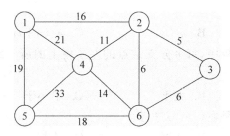

5. 对关键字序列（72,87,61,23,94,16,05,58）进行堆排序,使之按关键字递减的顺序排列,请写出排序过程中得到的初始堆和一趟排序后的序列状态。

六、算法设计题（共 25 分）

1. 设有一个由正整数组成的单链表 L(含头结点),编写完成找出最小值结点 P,若最小值是奇数,则删除结点 P 的功能的算法。(15 分)

2. 已知树用孩子—兄弟链表存储,root 指向根结点,编写算法,逐层遍历这棵树。(10 分)

模拟试题 2

一、选择题（20 分）

1. 数组元素 $a[i]$ 与(　　)的表示等价。

   A. $*(a+i)$ 　　B. $a+i$ 　　C. $*a+i$ 　　D. $\&a+i$

2. 当利用大小为 N 的数组顺序存储一个栈时,假定用 top ＝＝N 表示栈空,则退栈时用(　　)语句修改 top 指针。

   A. top++; 　　B. top=0; 　　C. top--; 　　D. top=N;

3. 队列的删除操作是在(　　)进行的。

   A. 队首 　　B. 队尾 　　C. 队前 　　D. 对后

4. 二叉树上的叶子结点数等于(　　)。

   A. 分支结点数加 1 　　　　B. 单分支结点数加 1

   C. 双分支结点数加 1 　　　　D. 双分支结点数减 1

5. 每次从无序表中取出一个元素,把它插入到有序表中的适当位置,此种排序方法称为(　　)排序。

   A. 插入 　　B. 交换 　　C. 选择 　　D. 归并

6. 由权值分别为 3、6、7、2、5 的叶子结点生成一棵哈夫曼树,它的带权路径长度(　　)。

   A. 51 　　B. 23 　　C. 53 　　D. 74

7. 某程序的时间复杂度为 $3n+100\times\log_2 n+n\log_2 n$,其数量级表示为(　　)。

   A. $O(n)$ 　　B. $O(n\log_2 n)$ 　　C. $O(100)$ 　　D. $O(\log_2 n)$

8. 在二叉搜索树中查找一个元素时,其时间复杂度大致为(　　)。

   A. $O(n)$ 　　B. $O(1)$ 　　C. $O\log_2 n$ 　　D. $O(n^2)$

9. 在线性表的散列存储中,若用 m 表示散列表的长度,用 n 表示待散列存储的元素的个数,则装填因子 α 等于( )。

    A. n/m B. m/n C. $n/(n+m)$ D. $m/(m+n)$

10. 在一棵二叉搜索树中,每个分支结点的左子树上的所有结点的值一定( )该结点的值。

    A. 小于   B. 大于   C. 不小于   D. 大于等于

11. 队列的插入操作是在( )进行。

    A. 队首   B. 队尾   C. 队前   D. 对后

12. 在稀疏矩阵的带行指针向量的链接存储中,每个行单链表中的结点都具有相同的( )。

    A. 行号   B. 列号   C. 元素值   D. 地址

13. 对于一棵具有 n 个结点的树,该树中所有结点的度数之和为( )。

    A. $n-1$ B. n C. $n+1$ D. $2n$

14. 下列各种排序算法中平均时间复杂度为 $O(n^2)$ 是( )。

    A. 快速排序   B. 堆排序   C. 归并排序   D. 冒泡排序

15. 在一个图中,所有顶点的度数之和等于所有边数的( )倍。

    A. 2   B. 1   C. 3   D. 4

16. 在一个单链表中,若 q 所指结点是 p 所指结点的前驱结点,要在 q 与 p 之间插入一个 s 所指的结点,则执行( )。

    A. s->link=p->link;   p->link=s;   B. p->link=s;   s->link=q;

    C. p->link=s->link;   s->link=p;   D. q ->link=s;   s->link =p;

17. 在一棵二叉树中,第 4 层上的结点数最多为( )。

    A. 31   B. 8   C. 15   D. 16

18. 在一棵二叉搜索树中,每个分支结点的右子树上的所有结点的值一定( )该结点的值。

    A. 小于   B. 大于   C. 不大于   D. 小于等于

19. 根据 n 个元素建立一棵二叉搜索树,其时间复杂度大致为( )。

    A. $O(n)$ B. $O(\log_2 n)$ C. $O(n^2)$ D. $O(n\log_2 n)$

20. 在从一棵 B-树删除元素的过程中,若最终引起树根结点的合并,则新树的高度是( )。

    A. 原树高度加 1   B. 原树高度减 1

    C. 原树高度   D. 不确定

二、填空题(22 分)

1. 对于一个顺序实现的循环队列 $Q[0..m-1]$,队头、队尾指针分别为 f、r,其判空的条件是_____,判满的条件是_____。

2. 循环链表的主要优点是_____。

3. 给定一个整数集合 $\{3,5,6,9,12\}$,其对应的一棵 Huffman 树为_____。

4. 在双向循环链表中,要在指针 p 所指的结点之后插入指针 f 所指的结点,其操作为_____。

5. 下列为元素的模式匹配算法,请在算法的_____处填上正确的语句。

```
int index(s,t)
string * s, * t;
{ i = j = 0;
    while( i < s -> len ) && ( j < t -> len ))
        if( s -> ch[i] == t -> ch[j] ) {
            i = i + 1;
            j = j + 1;
        } else {
            i = _____ ;
            j = _____ ;
        }
        if( j == t -> len )
            return( i - t -> len );
        else
            return( -1 );
    }
```

6. 一个 $n*n$ 的对称矩阵,如果以行或列为主顺序存入内存,则其容量为_____。

7. 设 F 是森林,B 是由 F 转换得到的二叉树,F 中有 n 个非终端结点,B 中右指针域为空的结点有_____。

8. 前序序列和中序序列相同的二叉树为_____。

9. 已知一棵二叉树的中序遍历结果为 DBHEAFICG、后序遍历结果为 DHEBIFGCA,该二叉树的图示为_____。

三、应用题(20 分)

1. 已知一个图的顶点集 V 和边集 E 分别为:

V = {0,1,2,3,4,5,6,7}
E = {(0,1)8,(0,2)5,(0,3)2,(1,5)6,(2,3)25,(2,4)13,(3,5)9,(3,6)10, (4,6)4,(5,7)20}

按照普里姆算法从顶点 0 出发得到最小生成树,在最小生成树中依次得到的各条边为_____、_____、_____、_____、_____、_____、_____。

2. 假定一组记录的排序码为(46,79,56,38,40,80,25,34),则对其进行快速排序的第一次划分的结果为_____。

3. 假定有 7 个带权结点,其权值分别为 3、7、8、2、6、10、14,试以它们为叶子结点构造一棵哈夫曼树,并计算出带权路径长度 WPL。

4. 假定一个待散列存储的线性表为(37,65,25,73,42,91,45,36,18,75),散列地址空间为 HT[12],若采用除留余数法构造散列函数和链接法处理冲突,试求出每一元素的散列地址,并画出最后得到的散列表,求出平均查找长度。

四、算法阅读题(20 分)

1. 写出以下算法被调用后得到的输出结果。

```
void AA(Stack& S)
    {
        InitStack(S);
        Push(S,30);
        Push(S,40);
```

```
Push(S,50);
int x = Pop(S) + 2 * Pop(S);
Push(S,x);
int i,a[4] = {5,8,12,15};
for(i = 0;i < 4;i++) Push(S,a[i]);
while(!StackEmpty(S)) cout << Pop(S)<<' ';
}
```

2. 写出以下算法的功能。

```
void BB( LNode * & HL)
{
LNode * p = HL;
HL = NULL;
while (p!= NULL)
{
LNode * q = p;
p = p -> next;
q -> next = HL;
HL = q;
}
}
```

3. 写出以下函数的功能。

```
bool  CC(BtreeNode * BST,ElemType & item)
{
if (BST = = NULL)
   return false;
else {
   if (item = = BST -> data)
    {
item = BST -> data;
return true;
      }
    else if (item < BST -> data)
       return find (BST -> left,item);
    else
       retrun  find (BST -> right,item);
  }
}
```

4. 写出以下函数的功能。

```
void DD(List& L, int i, ElemType x)
{
    for( int j = L. size - 1; j >= i - 1; j -- )
        L.list[j + 1] = L.list[j];
    L. list[i - 1] = x;
    L. size++;
}
```

5. 写出以下算法的功能。

```
Void   AA(List &L)
{
int i = 0;
while (i < L.size)
{
int j = i + 1;
while (j < L.size)
{
if(L.list[j] = = L.list)
{
for (int k = j + 1;k < L.size;k++)
L.list[k - 1] = L.list[k];
L.size -- ;
}
else   j++;
}
i++;
}
}
```

五、算法设计题（18 分）

1. 试写出求二叉树结点数目的算法。

2. 编写一函数，按升序输出线性表 L 中的元素。

```
void OrderOutputList(LinearList& L)
{
}
```

3. 编写从类型为 List 的线性表 L 中删除其值等于给定值 x 的第一个元素的算法，假定该线性表不为空。要求如果删除成功返回 true,否则返回 false。

```
bool   Delete(List& L, ElemType   x)
{
}
```

模拟试题 3

一、简答题（15 分，每小题 3 分）

1. 简要说明算法与程序的区别。

2. 在哈希表中,发生冲突的可能性与哪些因素有关？

3. 说明在图的遍历中设置访问标志数组的作用。

4. 说明头指针、头结点、首元素结点 3 个概念的关系。

5. 在一般的顺序队列中,什么是假溢出？怎样解决假溢出问题？

二、判断题(10 分,每小题 1 分)

正确的在括号内打√,错误的打×。

1. 广义表((((a),b),c)的表头是((a),b)、表尾是(c)。 ( )

2. 在哈夫曼树中,权值最小的结点离根结点最近。 ( )

3. 基数排序是高位优先排序法。 ( )

4. 在平衡二叉树中,任意结点的左、右子树的高度差(绝对值)不超过 1。 ( )

5. 在单链表中,给定任一结点的地址 p,可用语句"p->next = s; s->next = p->next;"将新结点 s 插入到结点 p 的后面。 ( )

6. 抽象数据类型(ADT)包括定义和实现两个方面,其中定义是独立于实现的,定义仅给出一个 ADT 的逻辑特性,不必考虑如何在计算机中实现。 ( )

7. 数组元素的下标值越大,存取时间越长。 ( )

8. 用邻接矩阵法存储一个图时,在不考虑压缩存储的情况下,所占用的存储空间大小只与图中结点的个数有关,而与图的边数无关。 ( )

9. 拓扑排序是按 AOE 网中每个结点事件的最早发生时间对结点进行排序。 ( )

10. 长度为 1 的串等价于一个字符型常量。 ( )

三、单选题(10 分,每小题 1 分)

1. 排序时扫描待排序记录序列,顺次比较相邻的两个元素的大小,逆序时就交换位置,这是( )方法的基本思想。

    A. 堆排序   B. 直接插入排序   C. 快速排序   D. 冒泡排序

2. 已知一个有向图的邻接矩阵表示,要删除所有从第 i 个结点发出的边,应该( )。

    A. 将邻接矩阵的第 i 行删除   B. 将邻接矩阵的第 i 行元素全部置为 0

    C. 将邻接矩阵的第 i 列删除   D. 将邻接矩阵的第 i 列元素全部置为 0

3. 设有一个含头结点的双向循环链表,头指针为 head,其为空的条件是( )。

    A. head->priro==NULL   B. head->next==NULL

    C. head->next==head   D. head->next->priro==NULL

4. 在顺序表(3,6,8,10,12,15,16,18,21,25,30)中用折半法查找关键码值 11,所需的关键码比较次数为( )。

    A. 2   B. 3   C. 4   D. 5

5. 下列不是队列的基本运算的是( )。

    A. 从队尾插入一个新元素   B. 从队列中删除第 i 个元素

    C. 判断一个队列是否为空   D. 读取队头元素的值

6. 在长度为 n 的顺序表的第 i 个位置上插入一个元素($1 \leqslant i \leqslant n+1$),元素的移动次数为( )。

    A. $n-i+1$ B. $n-i$ C. i D. $i-1$

7. 对于只在表的首、尾两端进行插入操作的线性表,宜采用的存储结构为( )。

    A. 顺序表   B. 用头指针表示的循环单链表

    C. 用尾指针表示的循环单链表   D. 单链表

8. 对包含 n 个元素的哈希表进行查找,平均查找长度为(　　　)。

    A. $O(\log_2 n)$　　　　B. $O(n)$　　　　C. $O(n\log_2 n)$　　　　D. 不直接依赖于 n

9. 将一棵有 100 个结点的完全二叉树从根层开始,每一层从左到右依次对结点进行编号,根结点编号为 1,则编号最大的非叶子结点的编号为(　　　)。

    A. 48　　　　　　　B. 49　　　　　　　C. 50　　　　　　　D. 51

10. 某二叉树结点的中序序列为 A,B,C,D,E,F,G、后序序列为 B,D,C,A,F,G,E,则其左子树中的结点数目为(　　　)。

    A. 3　　　　　　　　B. 2　　　　　　　　C. 4　　　　　　　　D. 5

四、填空题(10 分,每空 1 分)

1. 填空完成下面一趟快速排序算法:

```
int  QKPass ( RecordType  r [ ],  int  low, int  high)
{ x = r [ low ];
  while ( low < high )
    {
        while ( low < high & & r [_____]. key > = x.key )
            high － － ;
        if ( low < high )
            { r [_____] = r [ high ];   low++; }
        while ( low < high & & r [_____]. key < x. key )
            low++;
        if ( low < high )
            { r [_____] = r [ low ];   high-- ; }
    }
    r [ low ] = x;   return  low ;
}
```

2. 假设用循环单链表实现队列,若队列非空,且队尾指针为 R,则将新结点 S 加入队列时需执行语句"_____ ; _____ ; R=S;"。

3. 通常是以算法执行所耗费的_____和所占用的_____来判断一个算法的优劣。

4. 已知一个 3 行、4 列的二维数组 A(各维下标均从 1 开始),如果按"以列为主"的顺序存储,则排在第 8 个位置的元素是_____。

5. 高度为 h 的完全二叉树最少有_____个结点。

五、构造题(20 分)

1. 已知数据结构 DS 的定义如下,请给出其逻辑结构图示。(4 分)

```
DS = (D, R)
D = { a, b, c, d, e, f, g }
R = { T }
T = {<a, b>, <a, g>, <b, g>, <c, b>, <d, c>, <d, f>,
    <e, d>, <f, a>, <f, e>, <g, c>, <g, d>, <g, f>}
```

2. 对关键字序列(SUN, MON, TUE, WED, THU, FRI, SAT)建立哈希表,哈希函数为 $H(K) = (K$ 中最后一个字母在字母表中的序号)MOD 7。用线性探测法处理冲突,要求构造一个装填因子为 0.7 的哈希表,并计算出在等概率情况下查找成功的平均查找长度。(6 分)

3. 将关键字序列(3,26,12,61,38,40,97,75,53,87)调整为大根堆。(6 分)

4. 已知权值集合为{5,7,2,3,6,9},要求给出哈夫曼树,并计算其带权路径长度 WPL。(4 分)

六、算法分析题(10 分)

阅读下面的程序,回答有关问题。其中,BSTree 为用二叉链表表示的二叉排序树类型。

```
int   Proc (BSTree  * bst,  KeyType  K)
{ BSTree  f,  q,  s;
  s = (BSTree)malloc(sizeof(BSTNode));
  s -> key = K;   s -> lchild = NULL;   s -> rchild = NULL;
  if ( * bst == NULL )  { * bst = s;   return  1; }
  f = NULL;   q = * bst;
  while( q != NULL )
   {  if ( K < q -> key )
        {  f = q;   q = q -> lchild;  }
      else
        {  f = q;   q = q -> rchild;  }
   }
  if ( K < f -> key )   f -> lchild = s;
  else                  f -> rchild = s;
  return  1;
}
```

(1) 简要说明程序的功能。(5 分)

(2) n 个结点的满二叉树的深度 h 是多少?(3 分)

(3) 假设二叉排序树 * bst 是有 n 个结点的满二叉树,给出算法的时间复杂度。(2 分)

七、算法设计题(25 分)

1. 已知一个带头结点的整数单链表 L,要求将其拆分为一个正整数单链表 L_1 和一个负整数单链表 L_2。(9 分)

2. 无向图采用邻接表存储结构,编写算法输出图中各连通分量的结点序列。(8 分)

3. 编写一个建立二叉树的算法,要求采用二叉链表存储结构。(8 分)

模拟试题 4

一、选择题(20 分)

1. 以下数据结构中为线性结构的是(   )。

    A. 有向图　　　　　　B. 栈　　　　　　　C. 二叉树　　　　　D. B 树

2. 若某链表最常用的操作是在最后一个结点之后插入一个结点和删除最后一个结点,则采用(   )存储方式最节省时间。

    A. 单链表　　　　　　　　　　　　　B. 双链表

    C. 带头结点的双循环链表　　　　　　D. 单循环链表

3. 以下不是队列的基本运算的是(   )。

    A. 在队列的第 i 个元素之后插入一个元素　　B. 从队头删除一个元素

    C. 判断一个队列是否为空　　　　　　　　　　D. 读取队头元素的值

4. 字符 A、B、C、D 依次进入一个栈,按出栈的先后顺序组成不同的字符串最多可以组成( )个不同的字符串。

    A. 15   B. 14   C. 16   D. 21

5. 由权值分别为 4、7、6、2 的叶子生成一棵哈夫曼树,它的带权路径长度为( )。

    A. 11   B. 37   C. 19   D. 53

以下 6～8 题基于下面的叙述:某二叉树结点的中序遍历的序列为 A,B,C,D,E,F,G,后序遍历的序列为 B,D,C,A,F,G,E。

6. 该二叉树结点的前序遍历的序列为( )。

    A. E,G,F,A,C,D,B   B. E,A,G,C,F,B,D

    C. E,A,C,B,D,G,F   D. E,G,A,C,D,F,B

7. 该二叉树有( )个叶子结点。

    A. 3   B. 2   C. 5   D. 4

8. 该二叉树的按层遍历的序列为( )。

    A. E,G,F,A,C,D,B   B. E,A,C,B,D,G,F

    C. E,A,G,C,F,B,D   D. E,G,A,C,D,F,B

9. 在下面的二叉树中,( )不是完全二叉树。

A.

B.

C.

D.

10. 设有关键码序列(q,g,m,z,a),下面的( )序列是从上述序列出发建立的小根堆的结果。

    A. a,g,m,q,z   B. a,g,m,z,q

    C. g,m,q,a,z   D. g,m,a,q,z

二、填空题(22分)

1. 具有 64 个结点的完全二叉树的深度为_____。

2. 有向图 G 用邻接矩阵 $A\{1\cdots n,1\cdots n\}$ 存储,其第 i 列的所有元素等于顶点 i 的_____。

3. 设有一空栈,栈顶指针为 1000H(十六进制),现有输入序列 1,2,3,4,5,经过 Push、Push、Pop、Push、Pop、Push、Push 后,输出序列为_____。

4. 对于线索化二叉树中的某结点 D,没有左孩子的主要条件是_____。

5. 模式中"ababbabbab"的前缀函数为_____。

6. 设图 G 的顶点数为 n,边数为 e,第 i 个顶点的度数为 $D(vi)$,则 $e=$_____(即边数与各顶点的度数之间的关系)。

7. 按_____遍历二叉树,可以得到按值递增的关键码序列,在下图所示的二叉树中检索关键字 85,需要与 85 进行比较的关键字序列为_____。

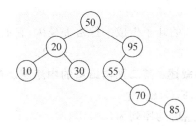

8. 下列算法用于实现二叉树上的查找,请在横线处填上适当的语句完成功能。

```
bitreptr  * bstsearch( bitreptr  * t,  keytype  k )
{
    if ( t = = NULL )
        return NULL;
    else
        while( t != NULL ) {
            if( t->key == k )_____;
            if( t->key > k )_____;
            else _____;
        }
}
```

三、应用题(28 分)

1. 设散列表的地址空间为 0..16,开始时散列表为空,用线性探测开放地址法处理冲突,对于数据元素 Jan、Feb、Mar、Jun、Aug、Sep、Oct、Nev、Dec,试构造其对应的散列表,H(key) =⌊i/2⌋,其中 i 为关键字中第一个字母在字母表中的序号。

2. 设有 5000 个无序的元素,希望用最快的速度挑选出其中前 10 个最大的元素,在快速排序、堆排序和基数排序方法中采用哪种方法最好? 为什么?

3. 已知一个图的顶点集 V 和边集 E 分别为:

V = {0,1,2,3,4,5,6,7}
E = {(0,1)8,(0,2)5,(0,3)2,(1,5)6,(2,3)25,(2,4)13,(3,5)9,(3,6)10,
    (4,6)4,(5,7)20}

按照普里姆算法从顶点 0 出发得到最小生成树,试写出在最小生成树中依次得到的各条边。

4. 简述堆排序的基本思想,并对键值集合{72,73,71,23,94,16,05,68}对应的二叉树进行进堆。(写出具体步骤)

四、算法阅读题(每题 5 分,共 10 分)

1. 写出以下算法被调用后得到的输出结果。

```
void AE(Stack& S){
    InitStack(S);
    Push(S,3);
    Push(S,4);
    int x = Pop(S) + 2 * Pop(S);
```

```
Push(S,x);
int i,a[5] = {2,5,8,22,15};
for(i = 0;i < 5;i++) Push(S,a[i]);
while(!StackEmpty(S)) cout << Pop(S)<<' ';
}
```

2. 写出以下函数的功能。

```
int akm ( unsigned m, unsigned n ) {
if ( m == 0 ) return n + 1;
    else if ( n == 0 ) return akm ( m − 1, 1 );
        else return akm ( m − 1, akm ( m, n − 1 ) );
    }
```

五、算法设计题(20分)

1. 某百货公司仓库中有一批电视机,按其价格从低到高的顺序构成一个单链表存于计算机中,链表的每个结点指出同样价格的若干台,现在有新到的 m 台价格为 n 元的电视机入库,试编写出仓库电视机链表增加电视机的算法。

2. 设计一个算法,求出指定结点在给定的二叉排序树中所在的层次。

模拟试题 5

一、选择题(20分)

1. 组成数据的基本单位是(   )。

    A. 数据项   B. 数据类型   C. 数据元素   D. 数据变量

2. 线性表的链接实现有利于(   )运算。

    A. 插入   B. 读表元   C. 查找   D. 定位

3. 中序遍历一棵二叉排序树所得到的结点访问序列是键值的(   )序列。

    A. 递增或递减   B. 递减   C. 递增   D. 无序

4. Substr('DATA STRUCTURE',5,9) = (   )。

    A. 'STRUCTURE'   B. 'DATA'

    C. 'ASTRUCTUR'   D. 'DATA STRUCTURE'

5. 下列形态不为树的是(   )。

    A. Φ空   B. (A)   C.   D.

6. 下列排序需要的附加存储开销最大的是(   )。

    A. 快速排序   B. 堆排序   C. 归并排序   D. 插入排序

7. 对于任何一棵树 T,设 n_0、n_1、n_2、$\cdots$、n_m 分别是度为 0、1、2、$\cdots$、m 的结点,则 $n_0 = ($ $)$。

    A. $n_1 + n_2 + \cdots + n_m$

    B. $1 + n_2 + 2n_3 + 3n_4 + \cdots + (m−1)n_m$

    C. $n_2 + 2n_3 + 3n_4 + \cdots + (m−1)n_m$

    D. $2n_1 + 3n_2 + \cdots + (m+1)n_m$

8. 对于下图,V_4 的度为(　　　)。

    A. 1   B. 2   C. 3   D. 4

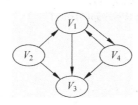

9. 在内部排序中,排序时不稳定的是(　　　)。

    A. 快速排序   B. 冒泡排序   C. 归并排序   D. 直接插入排序

10. 设有 1000 个元素,用二分法查找时最大的比较次数是(　　　)、最小比较次数是(　　　)。

    A. 25   B. 10   C. 7   D. 1

二、填空题(26 分)

1. 对于一个已顺序实现的共享栈[1..n],栈顶指针分别为 top_1 和 top_2,top_1 由小到大,top_2 由大到小,其判断下溢的条件是_____;判断上溢的条件是_____。

2. 双向循环链表的主要优点是_____。

3. 上三角矩阵压缩存储的下标对应关系 $k=$_____。

4. 设有一个空栈,现输入序列为 1,2,3,4,5,经过 Push、Push、Pop、Push、Pop、Push、Pop、Push 后,输出序列为_____。

5. 后序序列和中序序列相同的二叉树为_____。

6. 具有 128 个结点的完全二叉树的深度为_____。

7. 有向图 G 用邻接矩阵 $A[1..m,1..m]$ 存储,其第 i 行的所有元素值之和等于顶点 V_i 的_____。

8. 设键值序列为 $\{k_1,k_2,\cdots,k_n\}$,建堆和排序的全过程共需进行_____次堆调整。

9. 在下面的冒泡排序算法中填入适当内容,以使该算法在发现有序时能及时停止。

```
bubble( Rectype  R[n] )
{
int  i, j, exchang;
Rectype  temp;
i = 1;
    do {
    exchang = false;
    for( j = n; j >= _____; j-- )
        if( R[j] < R[j-1] ) {
            temp = R[j-1];
            R[j-1] = R[j];
            R[j] = temp;
            _____;
        }
    _____;
    }while(_____);
}
```

三、应用题（24 分）

1. 假定一个大根堆为(56,38,42,30,25,40,35,20)，依次从中删除两个元素后得到的堆为＿＿＿＿＿＿＿。

2. 已知一个图的顶点集 V 和边集 E 分别为：

V = {0,1,2,3,4,5,6,7}

E = {(0,4)8,(0,2)5,(0,3)2,(1,5)6,(2,3)25,(2,4)13,(3,5)9,(3,6)10,(4,6)4,(5,7)20}

按照克鲁斯卡尔算法得到最小生成树，在最小生成树中依次得到的各条边为＿＿＿＿＿。

3. 假定一组数据的初始为(84,79,56,42,40,46,50,38)，在堆排序阶段进行前三次对换和筛运算后数据的排列情况为＿＿＿＿。

4. 假定一组记录的排序码为(46,79,56,38,40,80,36,40,75,66,84,24)，对其进行归并排序，第三趟归并后的结果为＿＿＿＿。

四、算法设计题（30 分）

1. 有一个带头结点的单链表，写出在值为 x 的结点之后插入 m 个结点的算法。

2. 编写一个递归算法，统计并返回以 BT 为树根指针的二叉树中的叶子结点的个数。

int Count(BTreeNode * BT)

3. 设计一个算法，查找中序线索二叉树中结点 * p 的中序前驱。

模拟试题 6

一、选择题（20 分）

1. 在一个单链表 HL 中，若要向表头插入一个由指针 p 指向的结点，则执行（   ）。

   A. HL＝p；p->next＝HL；

   B. p->next＝HL；HL＝p；

   C. p->next＝HL；p＝HL；

   D. p->next＝HL->next；HL->next＝p；

2. 在有 n 个顶点的强连通图中至少含有（   ）。

   A. $n-1$ 条有向边   B. n 条有向边

   C. $n(n-1)/2$ 条有向边   D. $n(n-1)$ 条有向边

3. 在从一棵二叉搜索树中查找一个元素时，其时间复杂度大致为（   ）。

   A. $O(1)$ B. $O(n)$ C. $O(\log_2 n)$ D. $O(n^2)$

4. 由权值分别为 3、8、6、2、5 的叶子结点生成一棵哈夫曼树，它的带权路径长度为（   ）。

   A. 24   B. 48   C. 72   D. 53

5. 当一个作为实际传递的对象占用的存储空间较大并可能需要修改时，应最好把它说明为（   ）参数，以节省参数值的传输时间和存储参数的空间。

   A. 整型   B. 引用型   C. 指针型   D. 常值引用型

6. 向一个长度为 n 的顺序表中插入一个新元素的平均时间复杂度为（   ）。

   A. $O(n)$ B. $O(1)$ C. $O(n^2)$ D. $O(\log_2 n)$

7. 若采用链结构存储线性表，其地址（   ）。

A. 必须是连续的   B. 连续不连续都可以

C. 部分地址必须是连续的   D. 必须是不连续的

8. 具有 2000 个结点的二叉树,其高度至少为( )。

A. 9   B. 10   C. 11   D. 12

9. 下图中按字典顺序的二叉搜索树是( )。

10. 设单链表中的指针 p 指向结点 A,若要删除 A 之后的结点(若存在),则修改指针的操作为( )。

A. p->next = p->next->next   B. p = p->next

C. p = p->next->next   D. p->next = p

二、判断题(10 分)

1. 在具有线性序关系的集合中,若 a、b 是集合中的任意两个元素,则必定有 $a < b$ 的关系。   ( )

2. 二叉搜索树的左、右子树都是二叉搜索树。   ( )

3. 在堆中执行 INSERT 和 DELETEMIN 运算都只需 $O(\log_2 n)$ 时间。   ( )

4. 一棵满二叉树同时又是一棵平衡树。   ( )

5. 即使某排序算法是不稳定的,但该方法仍有实际应用价值。   ( )

6. 连通分量是无向图中的极小连通子图。   ( )

7. 先序遍历一棵二叉搜索树所得的结点访问序列不可能是键值递增序列。   ( )

8. 不管 adt 栈是用数组实现,还是用指针实现,Pop(s) 与 Push(x,s) 的耗时均为 $O(n)$。   ( )

9. 表中的每一个元素都有一个前驱和一个后继元素。   ( )

10. 作为解决一类特定问题的算法,不能没有输入运算项。   ( )

三、填空题(20 分)

1. 在双向循环表中,在 p 所指的结点之后插入指针 f 所指的结点,其操作为_____ = p; f->next = p->next; _____ = f; p->next = f。

2. 若模式串 t = 'ababcab',前缀函数 next[5] = _____。

3. 一个具有 n 个顶点的有向完全图的弧数为_____。

4. 有序字典是以_____为基础的抽象数据类型。

5. 设键值序列为 $\{K_1, K_2, \cdots, K_n\}$,用筛选法建堆必须从第_____个元素开始筛选。

6. 散列表的两种形式为_____和_____。

7. 设一棵二叉树共用 50 个叶结点(终端结点),则共有_____度为 2 的结点。

8. 高度为 $h(h \geqslant 0)$ 的二叉树最少有_____个结点,最多有_____个结点。

四、应用题(20 分)

1. 依次输入集合{20,13,22,5,16,3,48,24}中的键值,得到一棵二叉搜索树,请画出该二叉搜索树,并求出在等概率下成功查找的平均查找长度。

2. 设下图所示的二叉树是由森林转换而成的,试将它还原为森林。

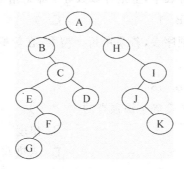

3. 树与二叉树有何区别?

4. 已知一个图的顶点集 V 和边集 E 分别为:

V = {1,2,3,4,5,6,7}
E = {<2,1>,<3,2>,<3,6>,<4,3>,<4,5>,<4,6>,<5,1>,<5,7>,<6,1>,<6,2>,<6,5>}

若存储它采用邻接表,并且每个顶点邻接表中的边结点都是按照终点序号从小到大的顺序链接的,按主教材中介绍的拓扑排序算法进行排序,试给出得到的拓扑排序的序列。

五、算法设计题(30 分)

1. 编写一个程序,输出二叉搜索树 BT 中最小的键值。(10 分)

2. 我们用链表来存储多项式 $P_n(x) = C_1 xe^1 + C_2 xe^2 + \cdots + C_m xe^m$,其中,$n = e_m > e_{m-1} > \cdots > e_1 >= 0$;$C_i ! = 0$($i = 1$、2、$\cdots$、$m, m > 1$),试编写求 $P_n(x)$ 微商的算法(注:$d(x^k)/dx = kx^{k-1}$)。(10 分)

3. 设计一个算法,求出指定结点在给定的二叉树中所在的层次。(10 分)

模拟试题 7

一、选择题(每小题 1 分,共 10 分)

1. 在一个长度为 n 的顺序表的任一位置插入一个新元素的渐进时间复杂度为( )。

    A. $O(n)$ B. $O(n/2)$ C. $O(1)$ D. $O(n^2)$

2. 带头结点的单链表 first 为空的判定条件是( )。

    A. first == NULL;   B. first->link == NULL;

    C. first->link == first;   D. first != NULL;

3. 当利用大小为 n 的数组顺序存储一个队列时,该队列的最大长度为( )。

    A. $n-2$ B. $n-1$ C. n D. $n+1$

4. 在系统实现递归调用时需利用递归工作记录保存实际参数的值。在传值参数情况下,需为对应形式参数分配空间,以存放实际参数的副本;在引用参数情况下,需保存实际参数的(　　　),在被调用程序中可直接操纵实际参数。

A. 空间　　　　　B. 副本　　　　　C. 返回地址　　　　　D. 地址

5. 在一棵树中,(　　　)没有前驱结点。

A. 分支结点　　　　B. 叶子结点　　　　C. 树根结点　　　　D. 空结点

6. 在一棵二叉树的二叉链表中,空指针域数等于非空指针域数加(　　　)。

A. 2　　　　　　　B. 1　　　　　　　C. 0　　　　　　　D. -1

7. 对于长度为9的有序顺序表,若采用折半搜索,在等概率情况下搜索成功的平均搜索长度为(　　　)的值除以9。

A. 20　　　　　　B. 18　　　　　　C. 25　　　　　　D. 22

8. 在有向图中每个顶点的度等于该顶点的(　　　)。

A. 入度　　　　　　　　　　　　　　B. 出度

C. 入度与出度之和　　　　　　　　　D. 入度与出度之差

9. 在基于排序码比较的排序算法中,(　　　)算法的最坏情况下的时间复杂度不高于 $O(n\log_2 n)$。

A. 冒泡排序　　　　B. 希尔排序　　　　C. 归并排序　　　　D. 快速排序

10. 当 α 的值较小时,散列存储通常比其他存储方式具有(　　　)的查找速度。

A. 较慢　　　　　　B. 较快　　　　　　C. 相同　　　　　　D. 不确定

二、填空题(每小题 1 分,共 10 分)

1. 二维数组是一种非线性结构,其中的每一个数组元素最多有_____个直接前驱(或直接后继)。

2. 将一个 n 阶三对角矩阵 A 的三条对角线上的元素按行压缩存放于一个一维数组 B 中,$A[0][0]$ 存放于 $B[0]$ 中。对于任意给定数组元素 $B[K]$,它应该是 A 中第_____行的元素。

3. 链表对于数据元素的插入和删除不需要移动结点,只需要改变相关结点的_____域的值。

4. 在一个链式栈中,若栈顶指针等于 NULL 则为_____。

5. 主程序第一次调用递归函数被称为外部调用,递归函数自己调用自己被称为内部调用,它们都需要利用栈保存调用后的_____地址。

6. 在一棵树中,_____结点没有后继结点。

7. 一棵树的广义表表示为 a(b(c, d(e, f), g(h)), i(j, k(x, y))),结点 f 的层数为_____(假定根结点的层数为 0)。

8. 在一棵 AVL 树(高度平衡的二叉搜索树)中,每个结点的左子树高度与右子树高度之差的绝对值不超过_____。

9. $n(n > 0)$ 个顶点的无向图最多有_____条边,最少有_____条边。

10. 在索引存储中,若一个索引项对应数据对象表中的一个表项(记录),则称此索引为_____索引,若对应数据对象表中的若干个表项,则称此索引为_____索引。

三、判断题(每小题 1 分,共 10 分)

1. 数组是一种复杂的数据结构,数组元素之间的关系既不是线性的也不是树形的。
（　　）

2. 链式存储在插入和删除时需要保持物理存储空间的顺序分配,不需要保持数据元素之间的逻辑顺序。
（　　）

3. 在用循环单链表表示的链式队列中,可以不设队头指针,仅在链尾设置队尾指针。
（　　）

4. 通常,递归的算法简单、易懂、容易编写,而且执行的效率也高。 （　　）

5. 一个广义表的表尾总是一个广义表。 （　　）

6. 当从一个小根堆(最小堆)中删除一个元素时,需要把堆尾元素填补到堆顶位置,然后再按条件把它逐层向下调整,直到调整到合适位置为止。 （　　）

7. 对于一棵具有 n 个结点、高度为 h 的二叉树,进行任意一种次序遍历的时间复杂度为 $O(h)$。 （　　）

8. 在存储图的邻接矩阵中,邻接矩阵的大小不仅与图的顶点个数有关,还与图的边数有关。 （　　）

9. 直接选择排序是一种稳定的排序方法。 （　　）

10. 闭散列法通常比开散列法的时间效率更高。 （　　）

四、应用题(每小题 8 分,共 40 分)

1. 设有一个 10×10 的对称矩阵 A,将其下三角部分按行存放在一个一维数组 B 中, $A[0][0]$ 存放于 $B[0]$ 中,那么 $A[8][5]$ 存放于 B 中的什么位置?

2. 这是一个统计单链表中结点的值等于给定值 x 的结点数的算法,其中,while 循环有错,请编写出正确的 while 循环。

```
int count ( ListNode * Ha, ElemType x )
{   //Ha 为不带头结点的单链表的头指针
    int n = 0;
    while ( Ha->link != NULL ) {
        Ha = Ha->link;
        if ( Ha->data == x ) n++;
    }
    return n;
}
```

3. 已知一棵二叉树的前序和中序序列,求该二叉树的后序序列。

前序序列:A, B, C, D, E, F, G, H, I, J

中序序列:C, B, A, E, F, D, I, H, J, G

后序序列:

4. 已知一个有序表(15, 26, 34, 39, 45, 56, 58, 63, 74, 76, 83, 94)顺序存储于一维数组 $a[12]$ 中,根据折半搜索过程填写成功搜索下表中所给元素 34、56、58、63、94 时的比较次数。

元素值	34	56	58	63	94
比较次数					

5. 设散列表为 HT[17]、待插入关键码序列为 {Jan，Feb，Mar，Apr，May，June，July，Aug，Sep，Oct，Nov，Dec}、散列函数为 H(key) = $\lfloor i/2 \rfloor$，其中，i 是关键码的第一个字母在字母表中的序号,现采用线性探查法解决冲突。

字母	A	B	C	D	E	F	G	H	I	J	K	L	M
序号	1	2	3	4	5	6	7	8	9	10	11	12	13
字母	N	O	P	Q	R	S	T	U	V	W	X	Y	Z
序号	14	15	16	17	18	19	20	21	22	23	24	25	26

(1) 试画出相应的散列表。

(2) 计算等概率下搜索成功的平均搜索长度。

五、算法分析题(每小题 **8** 分,共 **24** 分)

1. 阅读下列算法,并补充所缺语句。

```
void purge_linkst ( ListNode *& la ) {
//从头指针为 la 的带表头结点的有序链表中删除所有值相同的多余元素
//并释放被删结点空间
    ListNode p, q, t;   ElemType temp;
    p = la->link;
    while (p != NULL ) {
        q = p;
        temp = p->data ;
        p = p->link;
        if ( p != NULL &&_____ ) p = p->link;
        else {
            while ( p != NULL &&_____ ) {
                t = p;   p = p->link;
                delete t;
            }
            q->link = p;
        }
    }
}
```

2. 下面给出一个排序算法,它属于数据表类的成员函数,其中 currentSize 是数据表实例的当前长度,Vector[ ]是存放数据表元素的一维数组。

```
template < class T >
void dataList < T > :: unknown ( ) {
    T temp;   int i, j, n = currentSize;
    for ( i = 1; i < n; i++ )
        if ( Vector[i] .key < Vector[i-1].key ) {
            temp = Vector[i];   Vector[i] = Vector[i-1];
            for ( j = i-2; j >= 0; j-- )
                if ( temp.key < Vector[j].key ) Vector[j+1] = Vector[j];
                else break;
            Vector[j+1] = temp;
        }
}
```

（1）写出该算法的功能。

（2）针对有 n 个数据对象的待排序的数据表，在最好情况下，算法的排序码比较次数和对象移动次数分别是多少？

比较次数：　　　　　　移动次数：

3. 已知二叉树中的结点类型用 BinTreeNode 表示，被定义为：

struct BinTreeNode { ElemType data;   BinTreeNode * leftChild, * rightChild; };

其中，data 为结点值域，leftChild 和 rightChild 分别为指向左、右子女结点的指针域。根据下面函数的定义指出函数的功能，算法中的参数 BT 指向一棵二叉树的树根结点。

```
BinTreeNode * BinTreeSwopX ( BinTreeNode * BT ) {
    if ( BT == NULL ) return NULL;
    else {
        BinTreeNode * pt = new BinTreeNode;
        pt -> data = BT -> data;
        pt -> rightChild = BinTreeSwopX ( BT -> leftChild );
        pt -> lefthild = BinTreeSwopX ( BT -> rightChild );
        return pt;
    }
}
```

六、算法设计题（6 分）

已知二叉树中的结点类型用 BinTreeNode 表示，被定义为：

struct BTreeNode { **char** data;   BinTreeNode * leftChild, * rightChild; };

其中，data 为结点值域，leftChild 和 rightChild 分别为指向左、右子女结点的指针域，根据下面的函数声明编写出求一棵二叉树中结点总数的算法，该总数值由函数返回。假定参数 BT 初始指向这棵二叉树的根结点。

int BTreeCount (BinTreeNode * BT);

模拟试题 8

一、单选题(每小题 1 分,共 8 分)

1. 某数据结构的数据元素的集合为 S={A,B,C,D,E,F,G},数据元素之间的关系为 R={<A,D>,<A,G>,<D,B>,<D,C>,<G,E>,<G,F>},则该数据结构是一种( )。

    A. 线性结构   B. 树结构   C. 图结构   D. 链表结构

2. 设有二维数组 $A[50][60]$,其元素长度为一个字节,按列优先顺序存储,首元素 $A[0][0]$ 的地址为 200,则元素 $A[10][20]$ 的存储地址为( )。

    A. 820   B. 720   C. 1210   D. 1410

3. 记录(50,40,95,20,15,70,60,45,80)进行冒泡排序时,第一趟需进行相邻记录的交换的次数为( )。

    A. 5   B. 6   C. 7   D. 8

4. 具有 20 个结点的二叉树,其深度最多为( )。

    A. 4   B. 5   C. 6   D. 20

5. 在具有 N 个单元的顺序存储的循环队列中,假定 front 和 rear 分别为队头指针和队尾指针,则判断队空的条件为( )。

    A. front==rear   B. (rear+1)%MAXSIZE==front

    C. front-rear==1   D. rear%MAXSIZE==front

6. 一个 5×5 的对称矩阵采用压缩存储需要存储( )个元素。

    A. 5   B. 10   C. 15   D. 20

7. 一个无向连通图有 5 个顶点、8 条边,则其生成树将要去掉( )条边。

    A. 3   B. 4   C. 5   D. 6

8. 设一棵二叉树共有 50 个叶子结点(终端结点),则共有( )个度为 2 的结点。

    A. 25   B. 49   C. 50   D. 51

二、填空题(每小题 2 分,共 16 分)

1. 一个算法,如果不管问题规模的大小,运行所需的时间都一样,则该算法的时间复杂度是_____。

2. 已知某算法的执行时间为 $(n+n^2)/2+\log_2(2n+1)$,n 代表问题规模,则该算法的时间复杂度是_____。

3. 在求最小生成树的两种算法中,_____算法适合稀疏图。

4. 一棵 Huffman 树是由 5 个叶子结点形成的,该 Huffman 树共有_____个结点。

5. 设循环队列 $Q[1..N]$ 的头、尾指针为 F,R,当插入元素时尾指针 R 加 1,头指针 F 总是指向队列中第一个元素的前一个位置,则队列中元素的个数为_____。

6. 一个具有 5 个结点的有向图最少有_____条弧。

7. 二叉排序树采用_____序遍历可以得到结点的有序序列。

8. 设有 1000 个元素,用二分法查找时最大比较次数是_____。

三、判断题(每小题 1 分,共 8 分。对的打√,错的打×)

1. 如果某数据结构的每一个元素都最多只有一个直接后继结点,则必为线性表。

（　　）

2. 如果某有向图的所有顶点可以构成一个拓扑排序,则说明有向图存在回路。（　　）

3. 如果把一个大顶堆看成一棵二叉树,根元素的层次为 1,则层次越大的元素值越小。

（　　）

4. Huffman 树没有度为 1 的结点。 （　　）

5. 在冒泡排序中,关键字的比较次数与记录的初始排列无关。 （　　）

6. 设一棵二叉树共用 50 个叶子结点(终端结点),则共有 49 个度为 1 的结点。（　　）

7. 一个有序的单链表采用折半查找法比顺序查找效率要高得多。 （　　）

8. 一个图可以没有边,但不能没有顶点。 （　　）

四、简答题(共 38 分)

1. 已知一个线性表,回答以下问题。

(1) 写出线性表(26,45,12,20,30,6,15,29,16,2,18)采用基数排序后第一趟结束时的结果。(4 分)

(2) 采用简单选择排序算法对线性表(26,15,12,16,5,30)进行排序,进行交换的第一对元素是哪两个元素? 在什么情况下第一趟不需要进行元素的交换?(6 分)

2. 已知下图是一棵二叉树,完成以下操作。

(1) 给出下图所示的二叉树后序遍历的结果。(5 分)

(2) 如果下图表示的是采用孩子—兄弟法转换后的一棵树,请画出原来的树。(5 分)

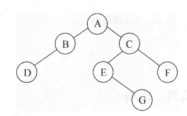

3. 已知下图是一个有向图,完成以下操作。

(1) 画出该有向图的邻接矩阵。(5 分)

(2) 基于给出的邻接矩阵,求从顶点 B 出发的深度优先遍历。(5 分)

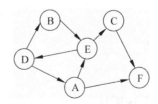

4. 已知有序表(4,11,13,19,26,28,33,39,42),采用折半查找,回答以下问题。

(1) 各元素的平均查找长度是多少?(4 分)

(2) 查找值为 10 的元素,查找时与哪几个元素进行了比较?(4 分)

五、程序填空题(共 15 分)

1. 已知 stack 表示栈的数据结构,push 是将一个值为 e 的元素进栈,若成功返回 1,否

则返回 0,完成以下程序。(5 分)

```
typedef struct {
  int data[100];
  int top;                /* 栈顶元素的下标 */
}stack;

int push(stack * S, int e)
{
if(_____①_____)return 0;
S-> top++;
_____②_____ = e;
return 1;
}
```

2. 以下程序是在二叉排序树 T 中找出值最大的元素,返回其地址,如果是空树返回 NULL,完成程序。(5 分)

```
Typedef struct linkNode{
int data;
Struct linkNode * lchild, * rchild;
}Node;

Node * sm (Node * T)
{Node * p;
    if(_____①_____)return NULL;

    for(p = T;_____②_____;p = p-> rchild);

    return _____③_____;
}
```

3. 写出以下程序的输出结果。(5 分)

```
int strc(char s[ ],char t[ ])
{
    int i;
    for(i = 0;s[i]!= 0 && t[i]!= 0;i++)
      if(s[i]!= t[i])break;
    return(s[i] - t[i]);
}

main()
{
printf(" % d\n",strc("student","study"));
}
```

六、编程题(共 15 分)

1. 编写算法对一个整型数组中的元素进行位置调整,将所有负数放在下标较小的一端,将所有正数放在下标较大的一端,所有的 0 在中间。(8 分)

2. 编写算法,在一棵二叉树中查找值为 x 的叶子结点,若找到返回该结点的指针,若找

不到返回空指针。(7分)

已知二叉树的结点的数据结构如下：

```
Typedef struct linkNode{
int data;
Struct linkNode * lchild, * rchild;
}Node;
```

模拟试题 9

一、单选题(每小题 1 分,共 8 分)

1. 如果树的结点 A 有 4 个兄弟,而且 B 为 A 的双亲,则 B 的度为( )。

    A. 3   B. 4   C. 5   D. 1

2. 设有一个栈,元素的进栈次序为 A,B,C,D,E,下列( )是不可能的出栈序列。

    A. A,B,C,D,E   B. B,C,D,E,A

    C. E,A,B,C,D   D. E,D,C,B,A

3. 在所有的排序方法中,关键字的比较次数与记录的初始排列无关的是( )。

    A. 快速排序   B. 冒泡排序

    C. 直接插入排序   D. 直接选择排序

4. 设一棵二叉树共用 20 个度为 2 的结点,则叶子结点共有( )个。

    A. 40   B. 19   C. 20   D. 21

5. 在具有 N 个单元的顺序存储的循环队列中,假定 front 和 rear 分别为队头指针和队尾指针,则判断队满的条件为( )。

    A. front==rear   B. (rear+1)%MAXSIZE==front

    C. front-rear==1   D. rear%MAXSIZE==front

6. 设有 1000 个元素,用二分法查找时最小比较次数为( )。

    A. 0   B. 1   C. 10   D. 500

7. 将一个元素进入队列的时间复杂度是( )。

    A. $O(1)$ B. $O(n)$ C. $O(n^2)$ D. $O(\log_2 n)$

8. 一棵完全二叉树中根结点的编号为 1,而且 23 号结点有左孩子但没有右孩子,则完全二叉树总共有( )个结点。

    A. 24   B. 45   C. 46   D. 47

二、判断题(每小题 1 分,共 8 分。对的打√,错的打×)

1. 如果某数据结构的每一个元素都最多只有一个直接前驱和一个直接后继,则元素必为线性表。　　　　　　　　　　　　　　　　　　　　　　　　( )

2. 先序遍历一棵二叉搜索树所得的结点访问序列不可能是键值递增序列。　( )

3. 若有一个叶子结点是某子树的中序遍历的最后一个结点,则它必须是该子树的先序遍历的最后一个结点。　　　　　　　　　　　　　　　　　　　　( )

4. 有向图的邻接矩阵的第 i 行的所有元素之和等于第 i 列的所有元素之和。　( )

5. 在二叉排序树中,任一结点的值都大于或等于其孩子的值。　　　　　　( )

6. 图的生成树的边数要小于顶点数。 （　　）

7. 在进栈操作时,必须判断栈是否已满。 （　　）

8. 如果某排序算法是稳定的,那么该方法一定具有实际应用价值。 （　　）

三、填空题(每小题 2 分,共 16 分)

1. 数据结构有线性结构、树结构、_____、_____等几种逻辑结构。

2. 已知某算法的执行时间为 $(n+n^2)\log_2(n+2)$,n 代表问题的规模,则该算法的时间复杂度是_____。

3. 一个无向连通图有 6 个顶点、7 条边,则其生成树有_____条边。

4. 顺序存储的队列如果不采用循环方式,则会出现_____问题。

5. 一个 10×10 的三角矩阵 a 采用行优先压缩存储后,如果首元素 $a[0][0]$ 是第一个元素,那么 $a[4][2]$ 是第_____个元素。

6. 如果一个有向图有 5 个顶点,则最多有_____条弧。

7. 采用快速排序法进行排序时,如果_____,排序效率会大大降低。

8. 设无向图 G 有 100 条边,则 G 至少有_____个顶点。

四、简答题(共 38 分)

1. 已知一个线性表,回答以下问题。

(1) 写出线性表(26,45,12,20,30)采用快速排序算法排序后第一趟结束时的结果。(4 分)

(2) 线性表采用插入排序算法排序几趟后,有序部分是(16,20,40),无序部分是(18,25),则下一趟的排序需要移动几个元素? 写出下一趟结束时的结果。(4 分)

2. 给出下图所示的二叉树中序遍历的结果。(5 分)

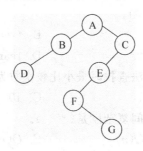

3. 已知 5 个结点的权值分别是 4、6、1、13、7,请画出这些结点构成的 Huffman 树。(5 分)

4. 已知下图是一个无向图,完成以下操作。

(1) 画出该无向图的邻接链表。(5 分)

(2) 基于给出的邻接链表,求从顶点 C 出发的广度优先遍历。(5 分)

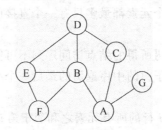

5. 已知一个线性表,完成以下操作。

(1) 根据线性表(23,49,28,10,30,5,16),画出二叉排序树。(5 分)

(2) 根据上述二叉排序树查找数 7,需要比较哪几个数?(5 分)

五、程序填空题(共 15 分)

1. 已知 queue 表示循环队列的数据结构,函数 leavequeue 是将队头元素的值放入变量 e,然后删除队头元素,若操作成功返回 1,否则返回 0,完成以下程序。(4 分)

```
typedef struct{
int data[100];
int front;                    /* 队头元素的下标 */
int rear;                     /* 等于队尾元素的下标加 1 */
}queue;

leavequeue(queue * Q,int * e)
{
if(        ①        )return 0;
* e = Q -> data[Q -> front];
Q -> front =        ②        ;
return 1;
}
```

2. 以下函数 ins 的功能是在顺序表 a 中找到第一个值为 x 的元素,然后在该元素之前插入一个值为 y 的元素,如果找不到值为 x 的元素,则新元素成为顺序表的最后一个元素,若插入成功返回 1,否则返回 0,完成以下程序。(8 分)

```
typedef struct
{int elem[100];
int length;
}SQ;

int ins (SQ * a,int x,int y)
{
int k,i;
if(        ①        )return 0;
for(k = 0;k < a -> length;k++)if(a -> elem[k] == x)break;
if(k == a -> length)k -- ;
else
    for(i = a -> length - 1;i > k;i -- )        ②        ;
        ③        = y;
a -> length        ④        ;
return 1;
}
```

3. 已知一个单链表的表头指针为 h,每个结点含元素值 data 和下一结点的地址 next。链表一共有 5 个结点,其元素值分别为 100、200、300、400、500,执行下列语句后会输出什么结果?(3 分)

```
for(p = h;p -> data < 300;p = p -> next);
p -> next = p -> next -> next;
printf(" % d",p -> data);
```

六、编程题(共 15 分)

1. 编写算法求二叉树的非叶子结点的数目。(8分)

已知二叉树的结点的数据结构如下:

```
Typedef struct linkNode{
    int data;
    Struct linkNode * lchild, * rchild;
}Node;
```

2. 编写算法判断一个单链表中各结点的值是不是从小到大排列,如果是(包括空表)返回 1,否则返回 0。(7分)

已知单链表的结点的数据结构如下:

```
typedef struct LinkNode{
    int data;
    struct LinkNode * next;
}Node;
```

模拟试题 10

一、单选题(每小题 1 分,共 8 分)

1. 设一数列的顺序为 1,2,3,4,5,通过栈结构不可能排成的顺序数列为(   )。

    A. 3,2,5,4,1   B. 1,5,4,2,3

    C. 2,4,3,5,1   D. 4,5,3,2,1

2. 二叉树的第 3 层最少有(   )个结点。

    A. 0   B. 1   C. 2   D. 3

3. 一个具有 n 个顶点的连通无向图,其边的个数至少为(   )。

    A. $n-1$ B. n C. $n+1$ D. $n\log n$

4. 在下列排序方法中,(   )的比较次数与记录的初始排列状态无关。

    A. 直接插入排序   B. 冒泡排序

    C. 快速排序   D. 直接选择排序

5. 一棵 Huffman 树总共有 11 个结点,则叶子结点有(   )个。

    A. 5   B. 6   C. 7   D. 9

6. 已知某算法的执行时间为 $(n+n^2)+\log_2(n+2)$,n 代表问题规模,则该算法的时间复杂度是(   )。

    A. $O(n)$ B. $O(n^2)$ C. $O(\log_2 n)$ D. $O(n\log_2 n)$

7. 如果一棵树有 10 个叶子结点,则该树至少有(   )个结点。

    A. 10   B. 11   C. 19   D. 21

8. 一个 100×100 的三角矩阵 a 采用行优先压缩存储后,如果首元素 $a[0][0]$ 是第一个元素,那么 $a[4][2]$ 是第(   )个元素。

    A. 13   B. 401   C. 402   D. 403

二、判断题(每小题 1 分,共 8 分。对的打√,错的打×)

1. 如果某数据结构的每一个元素都最多只有一个直接前驱,则必为线性表。   (   )

2. 快速排序法在最好的情况下时间复杂度是 $O(n)$。 （　　）

3. 进栈、出栈操作的时间复杂度是 $O(n)$。 （　　）

4. 进栈操作时,必须判断栈是否已满。 （　　）

5. 一个有序的单链表不能采用折半查找法进行查找。 （　　）

6. 二叉排序树采用先序遍历可以得到结点的有序序列。 （　　）

7. 对长度为 100 的有序线性表用二分法查找时,最小比较次数为 0。 （　　）

8. 一棵二叉排序树,根元素肯定是值最大的元素。 （　　）

三、填空题(每小题 2 分,共 16 分)

1. 数据结构有_____和_____两种物理结构。

2. 某算法在求解一个 10 阶方程组时运算次数是 500,求解一个 30 阶方程组时运算次数是 4500,则该算法的时间复杂度为_____。

3. 在一个长度为 n 的顺序表中插入一个元素,最少需移动_____个元素,最多需移动_____个元素。

4. 如果某有向图的所有顶点可以构成一个拓扑排序序列,则说明该有向图_____。

5. 如果指针 p 指向一棵二叉树的一个结点,则判断 p 没有左孩子的逻辑表达式为_____。

6. 一个数组的长度为 20,用于存放一个循环队列,则队列最多只能有_____个元素。

7. 无向图用邻接矩阵存储,其所有元素之和表示无向图的_____。

8. 一个具有 n 个结点的线性表采用堆排序,在建堆之后还要进行_____次堆调整。

四、简答题(共 38 分)

1. 写出线性表(26,4,12,25,30,6,15,20,16,2,18)采用二路归并排序算法排序后第一趟和第二趟结束时的结果。(5 分)

2. 已知一棵二叉树,完成以下操作。

(1) 给出下图所示的树的后序遍历的结果。(4 分)

(2) 采用孩子—兄弟法将该树转换为一棵二叉树。(5 分)

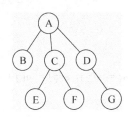

3. 已知下图是一个有向图,完成以下操作。

(1) 画出该有向图的邻接链表。(4 分)

(2) 基于给出的邻接链表,求从顶点 F 出发的广度优先遍历。(4 分)

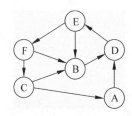

4. 用 Prim 算法(一个顶点一个顶点地加入生成树)求下图的最小生成树。

(1) 从顶点 D 开始写出各顶点加入生成树的次序。(4 分)

(2) 画出最终的最小生成树。(4 分)

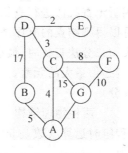

5. 已知下图是一棵二叉排序树,完成以下操作。

(1) 计算平均查找长度。(4 分)

(2) 画出删除值为 46 的结点后的二叉排序树。(4 分)

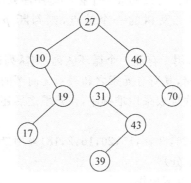

五、程序填空题(共 15 分)

1. 完成以下采用冒泡排序法对数组 a 进行排序的程序。(4 分)

```
bsort(int a[],int n)
{int i,j,tmp;
for(i = _____①_____ ;i>=1;i--){
     for(j=1;j<=i;j++){
        if(_____②_____){tmp= a[j]; a[j]= a[j+1]; a[j+1]= tmp;}
     }
}
}
```

2. 在单链表(表头指针为 head)的元素中找出最后一个值为 e 的元素,返回其指针,如果找不到则返回 NULL,完成以下程序。(6 分)

```
typedef struct LinkNode{
int data;
struct LinkNode * next;
}Node;

Node * search_link(Node * head, int e)
{
Node * p, * q;
```

```
q = _____①_____ ;

for(p = head; _____②_____ ;p = p-> next)if(p-> data == e) _____③_____ ;
return q;
}
```

3. 下列算法输出一棵二叉树的第 i 层的所有结点的值,假定根结点是第 1 层。(5 分)

```
Typedef struct linkNode{
int data;
Struct linkNode * lchild, * rchild;
}Node;

void outi(Node * tree, int i)
{
if(tree == NULL)return;
if(i == 1){printf(" % d\n",tree-> data);return;}

outi(_____①_____);

outi(_____②_____);
}
```

六、编程题(共 15 分)

1. 两个字符数组 s、t 中各放有一个串,编写算法,将所有 t 中有但 s 中没有的字符加到 s 中(逐个加到 s 的后面)。(8 分)

2. 编写算法,删除顺序表前面的 10 个元素,如果顺序表中的元素少于 10 个,则删完为止。(7 分)

已知顺序表的数据结构如下:

```
typedef struct
{int elem[100];
int length;
}SQ;
```

模拟试题 11

一、单选题(每小题 1 分,共 8 分)

1. 设有一个 10 阶的对称矩阵 a,采用压缩存储方式以行序为主存储,$a[0][0]$ 的存储地址为 100,每个元素占一个地址空间,则 $a[3][2]$ 的地址为( )。

    A. 102   B. 105   C. 106   D. 108

2. 森林转换为二叉树后,从根结点开始一直沿着右子树下去一共有 4 个结点,表明( )。

    A. 森林有 4 棵树   B. 森林的最大深度为 4

    C. 森林的第一棵树有 4 层   D. 森林有 4 个结点

3. 在含 n 个顶点、e 条边的无向图的邻接矩阵中,零元素的个数为( )。

    A. e B. $2e$ C. $n^2 - e$ D. $n^2 - 2e$

4. 在内部排序中,排序时不稳定的是( )。

    A. 插入排序   B. 冒泡排序   C. 快速排序   D. 归并排序

5. 设一数列的顺序为1,2,3,4,5,通过栈结构不可能排成的顺序数列为( )。

    A. 3,2,5,4,1   B. 1,5,4,2,3

    C. 2,4,3,5,1   D. 4,5,3,2,1

6. 一个 n 条边的连通无向图,其顶点的个数最多为( )。

    A. $n-1$ B. n C. $n+1$ D. $n\log_2 n$

7. 总共3层的完全二叉树,其结点数至少有( )个。

    A. 3   B. 4   C. 7   D. 8

8. 已知某算法的执行时间为 $(n+n^2)/2+\log_2(2n+1)$,n 代表问题规模,则该算法的时间复杂度是( )。

    A. $O(n)$ B. $O(n^2)$ C. $O(\log_2 n)$ D. $O(n\log_2 n)$

二、判断题(每小题1分,共8分。对的打√,错的打×)

1. 只要是算法,肯定可以在有限的时间内完成。   ( )

2. 无论是线性表还是树,每一个结点的直接前驱结点最多只有一个。   ( )

3. 不管是行优先还是列优先,二维数组的最后一个元素的存储位置是一样的。( )

4. 直接插入排序时,关键字的比较次数与记录的初始排列无关。   ( )

5. 二叉树的先序遍历不可能与中序遍历相同。   ( )

6. 任何二叉树不可能没有叶子结点。   ( )

7. 一个稀疏矩阵采用三元组法存储不可能是((5,3,7),(5,4,4),(5,3,5))。 ( )

8. 一个无序的顺序表不能采用折半查找法进行查找。   ( )

三、填空题(每小题2分,共16分)

1. 在一个长度为 n 的顺序表中插入一个元素,平均需移动_____个元素,其时间复杂度是_____。

2. 一个5×5的对称矩阵采用压缩存储,需要存储_____个元素。

3. 具有26个结点的完全二叉树的深度为_____。

4. 有向图用邻接矩阵存储,其第 i 列的所有元素之和等于顶点 i 的_____。

5. 一棵深度为5的二叉树,至少有_____个叶子结点。

6. 快速排序法在最差情况下其时间复杂度是_____。

7. 衡量一个算法的好坏主要看它的_____效率和_____效率。

8. 如果某线性表的每一个元素都没有后继元素,则其长度最多是_____。

四、简答题(共38分)

1. 已知一个线性表,完成以下操作。

(1) 将线性表(16,4,12,25,30,6,15,11,20,2,18)调整为大顶堆(用二叉树表示)。(5分)

(2) 将上述堆的堆顶元素去掉,把堆的最后一个元素放到堆顶位置,再调整为大顶堆(用二叉树表示)。(5分)

2. 给出下图所示的树的先序遍历的结果。（5分）

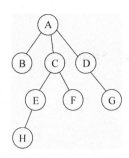

3. 假设字符 a、b、c、d、e、f 的使用频度分别是 0.07、0.09、0.12、0.22、0.23、0.27，写出 a、b、c、d、e、f 的 Huffman（哈夫曼）编码。（5分）

4. 已知下图是一个无向图，完成以下操作。

（1）画出该无向图的邻接矩阵。（5分）

（2）基于给出的邻接矩阵，求从顶点 A 出发的深度优先遍历。（4分）

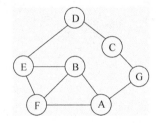

5. 用 Kruskal 算法（一条边、一条边地加入生成树）求下图的最小生成树。

（1）写出各条边加入生成树的次序（用权值表示）。（5分）

（2）画出最终的最小生成树。（4分）

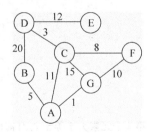

五、程序填空题（共 15 分）

1. 已知单链表的表头指针为 head，下面的函数 delete 从单链表中删除一个指针为 p 的结点，返回新的表头指针，请完成以下程序。（4分）

```
typedef struct LinkNode{
int data;
struct LinkNode * next;
}Node;

Node * delete(Node * head, Node * p)
{
Node * pf;
```

```
if(head == p){
    head = _____①_____ ;
    free(p);    }
else{
for(pf = head;pf -> next!= p;pf = pf -> next);
    _____②_____ = p -> next;
free(p);
}
return head;
}
```

2. 已知数组 r 有 n 个元素,并已经从小到大排序。下面的函数 search 的功能是采用折半查找法查找值为 e 的元素并返回其下标,如果找不到则返回 -1,请完成程序。(4 分)

```
int search(elem r[],int n,int   e)
{
int i1,i2,k;
i1 = 0;i2 = n - 1;
while(i1 < = i2){
k = (i1 + i2)/2;
if(r[k] == e)      _____①_____ ;
if(e < r[k])i2 = k - 1;
else      _____②_____ ;
}
return - 1;
}
```

3. 以下算法是将线性表 L 中的所有负数元素删除,并返回被删除的元素个数,完成以下算法。(7 分)

```
typedef struct
{int elem[100];
int length;
}SQ;

int deln(SQ  * L)
{
/ * 对每个元素做以下循环:如果第 i 个元素大于等于 0,且前面有 c 个小于 0 的元素,则将它前移 c 个位置 * /
int i,c;     / * c记录小于 0 的元素的个数 * /
for(i = 0,c = 0;i < L-> length;i++)
  {
    if(_____①_____ < 0)c++;
    else if(c > 0)x -> e[ i - _____②_____ ] = x -> e[ i];
  }
  x -> length = _____③_____ ;
return c;
}
```

六、编程题(共 15 分)

1. 编写算法,求一个整型数组中不同值的个数。例如数组{5,3,5,7,3,6},不同的值有

3 个(提示：可先将数组排序)。(8 分)

2. 编写算法，删除单链表的表头结点与表尾结点。(7 分)

已知单链表的结点的数据结构如下：

```
typedef struct LinkNode{
int data;
struct LinkNode * next;
}Node;
```

模拟试题 12

一、单选题(每小题 1 分，共 10 分)

1. 若线性表最常用的操作是存取第 i 个元素及其前趋元素的值，则采用(　　)存储方式最节省时间。

    A. 单链表　　　　　B. 双向链表　　　　C. 单循环链表　　　D. 顺序表

2. 串的长度是(　　)。

    A. 串中不同字母的个数　　　　　　　B. 串中不同字符的个数

    C. 串中所含字符的个数，且大于 0　　D. 串中所含字符的个数

3. 数组 $A[1..5,1..6]$ 的每个元素占 5 个单元，将其按行优先次序存储在起始地址为 1000 的连续的内存单元中，则元素 $A[5,5]$ 的地址为(　　)。

    A. 1140　　　　　　B. 1145　　　　　　C. 1120　　　　　　D. 1125

4. 若用数组 $S[1..n]$ 作为栈 S_1 和 S_2 的共用存储结构，对于任何一个栈，只有当 S 全满时才不能做入栈操作，为这两个栈分配空间的最佳方案是(　　)。

    A. S_1 的栈底位置为 0，S_2 的栈底位置为 $n+1$

    B. S_1 的栈底位置为 0，S_2 的栈底位置为 $n/2$

    C. S_1 的栈底位置为 1，S_2 的栈底位置为 n

    D. S_1 的栈底位置为 1，S_2 的栈底位置为 $n/2$

5. 队列操作的原则是(　　)。

    A. 先进先出　　　　B. 后进先出　　　　C. 只能进行插入　　D. 只能进行删除

6. 在有 n 个结点的二叉链表中，值为非空的链域的个数为(　　)。

    A. $n-1$　　　　　　B. $2n-1$　　　　　　C. $n+1$　　　　　　D. $2n+1$

7. 某二叉树的中序序列和后序序列正好相反，则该二叉树一定是(　　)的二叉树。

    A. 空或只有一个结点　　　　　　　　B. 高度等于其结点数

    C. 任一结点无左孩子　　　　　　　　D. 任一结点无右孩子

8. 在具有 n 个结点且为完全二叉树的二叉排序树中查找一个关键值，其平均比较次数的数量级为(　　)。

    A. $O(n)$　　　　　　B. $O(\log_2 n)$　　　　C. $O(n\log_2 n)$　　　D. $O(n^2)$

9. 若表 R 在排序前已按键值递增顺序排列，则(　　)算法的比较次数最少。

    A. 直接插入排序　　B. 快速排序　　　　C. 归并排序　　　　D. 选择排序

10. 在下列排序算法中，时间复杂度不受数据的初始状态影响恒为 $O(\log_2 n)$ 的

是( )。

    A. 堆排序   B. 冒泡排序   C. 简单选择排序   D. 快速排序

二、判断题(每小题 1 分,共 10 分。对的打√,错的打×)

1. 线性表的唯一存储形式就是链表。 ( )

2. 已知指针 P 指向链表 L 中的某结点,执行语句 P＝P->next 不会删除该链表中的结点。 ( )

3. 在链队列中,即使不设置尾指针也能进行入队操作。 ( )

4. 如果一个串中的所有字符均在另一个串中出现,则说前者是后者的子串。 ( )

5. 对称矩阵的存储只需要存储一半的数据元素。 ( )

6. 一棵二叉树的中序遍历序列与该二叉树转换成森林的后序遍历序列相同。 ( )

7. 用 Prim 算法和 Kruskal 算法求最小生成树的代价不一定相同。 ( )

8. 折半查找算法的前提之一是线性表有序。 ( )

9. 对于相同关键字集合,以不同次序插入初始为空的树中一定得到不同的二叉排序树。 ( )

10. 对于一个无序数据序列而言,用堆排序比用直接插入排序花费的时间多。 ( )

三、填空题(每空 2 分,共 20 分)

1. 设单链表中的指针 p 指向结点 A,若要删除 A 之后的结点(假设存在),则修改指针的操作为_____。

2. 对于一个已顺序实现的循环队列 $Q[0..m-1]$,队头、队尾指针分别为 f、r,队列判空的条件是_____。

3. 字符串 $S_1 = $ 'ABCDEFGHIJKLMNOPQRSTUVW',由运算 $S_2 = $ CONCAT(SUB$(S_1,19,3)$,SUB$(S_1,4,2)$,SUB$(S_1,14,1)$,SUB$(S_1,20,1)$)可得到串 S_2,则 $S_2 = $ _____。

4. 具有 64 个结点的完全二叉树的深度为_____。

5. 已知二叉树中的叶子数为 50,且仅有一个孩子的结点数为 30,则总结点数为_____。

6. 右图中 V_3 的入度和出度分别为_____。

7. 具有 n 个顶点的连通图至少有_____条边,具有 n 个顶点的强连通图至少有_____条边。

8. 在有序表 $A[1..18]$中采用二分查找算法查找元素值等于 $A[7]$ 的元素,所比较过的元素的下标依次为_____。

9. 直接选择排序算法在最好情况下所做的交换元素的次数为_____。

四、简答题(每小题 5 分,共 30 分)

1. 已知一棵树的双亲表示存储映像图如下,请画出该树的逻辑示意图。

下标	1	2	3	4	5	6	7	8	9	10	11	12
DATA	A	B	C	D	E	F	G	H	I	J	K	L
Parent	5	1	6	1	0	8	5	5	8	3	8	4

2. 已知一带权有向图的邻接矩阵表示如下,请画出其逻辑图。

$$\begin{bmatrix} 0 & 10 & 15 & \infty & \infty & \infty \\ 3 & 0 & \infty & \infty & 10 & 30 \\ \infty & 4 & 0 & \infty & \infty & 10 \\ \infty & 15 & \infty & 0 & \infty & 4 \\ \infty & \infty & 10 & 15 & 0 & \infty \\ 5 & \infty & \infty & \infty & 10 & 0 \end{bmatrix}$$

3．已知一有向图如下图所示，请画出从 A 点出发的深度优先生成树。

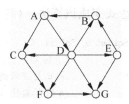

4．以$\{1,3,6,7,9,15,22\}$为权值构造一棵 Huffman 树，并求出其 WPL。

5．已知下图二叉排序树的各结点的值依次为 $1\sim9$，请写出该二叉排序树的按层次遍历的结果。

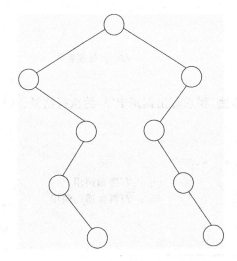

6．对于下面的数据表，写出采用快速排序法的前两层递归调用的结果。

(25　10　20　31　5　100　16　3　44　61　18　81　38　40　15)

五、程序填空题（共 15 分）

1．以下算法为二分法查找算法，在空格处填上合适的语句或表达式完成该算法。（每空 2 分）

```
int BinseArch(SqList  R, KeyType  K)
{   //参数 R 为线性表,元素从 0 到 n,R 中的字段 key 为关键字,参数 K 为待查关键字
    int i = 0, j = n;             //初始化查找区间
    int m;
    while (i < j)
    {   m = (i + j)/2;
        if  (R[m].key == K)       //找到该元素
            return  m;
```

```
        if   (R[m].key > K)
                ①        ;                  //将查找区间定为左半边
            else
                ②        ;                  //将查找区间定为右半边
        }
            ③        ;                      //找不到该元素
}
```

2. 以下算法将元素递增排列的顺序存储线性表 A 和 B 的元素的交集存入线性表 C 中,在空格处填上合适的语句或表达式完成该算法。(每空 2 分)

```
void SqList_Intersect(SqList A, SqList B, SqList &C)
{ int   i = 1, j = 1, k = 0 ;            //下标初始化,A、B、C 的下标都从 1 开始
   while (i <= A.num & & j <= B.num)      //A、B 均未到表尾
    { if(A.elem[i] < B.elem[j])          //A 表元素比 B 表元素小,A 表下标后移
            ①        ;
      if(        ②        )  j++;
      if(A.elem[i] == B.elem[j])          //若发现了一个在 A、B 中都存在的元素
        { C.elem[        ③        ] = A.elem[i] ;                    //添加到 C 中
          i++; j++;
        }
    }//while
    C.num = k;                            //C 表长度置位
}//SqList_Intersect
```

3. 对于下面的递归算法,要求写出调用 P(3) 的执行结果。(3 分)

```
void p( int w);
    {   if (w < 0)
        {  printf(w,"    ");
           p(w - 1);                      //递归调用
           p(w - 1)                       //再次递归调用
        }
    }
```

六、编程题(共 15 分)

1. 编写函数,用于将一棵二叉树中的所有子树左、右交换。二叉树的类型定义如下: (6 分)

```
typedef   struct   node { datatype       data ;
                        struct   node   * left ;
                        struct   node   * right }   * BTREE;
```

2. 编写函数,用于删除元素递增排列的带头结点单链表 L 中的值大于 mink 且小于 maxk 的所有元素,并给出其时间复杂度。链表的类型定义如下:(9 分)

```
typedef   struct   node {
    int    data ;
    struct   node   * next }   * LinkList ;
```

模拟试题参考答案

模拟试题 1 答案

一、简答题（每小题 3 分，共 15 分）

1. 通常存在着一对多或多对多的关系。

2. 顺序表的优点：随机查找，存储密度大。

顺序表的缺点：插入、删除不方便，静态分配，表长固定。

单链表的优点：插入、删除方便，动态分配，表长灵活。

单链表的缺点：查找不方便，存储密度小。

3. 如果在待排序列中后面的若干排序码比前面的小，则在冒泡排序的过程中，排序码可能朝着与最终排序相反的方向移动。

4.
```
typedef struct node{
    ElemType data;
    struct node * next;
} * LinkStack;
```

5. 当二叉排序树接近平衡二叉树或完全二叉树时查找性能较好，当二叉排序树为单边单支二叉树时查找性能最差。

二、判断题（每小题 1 分，共 5 分）

正确在（　）内打√，否则打×。

1. ×　2. ×　3. √　4. ×　5. ×

三、单选题（每小题 1 分，共 5 分）

1. C　2. C　3. D　4. B　5. A

四、填空题（每小题 2 分，共 20 分）

1. 1　50

2. 'YOU ARE RIGHT'

3. $O(n\log n)$

4. (((a),b),c)　(d)

5. i 列元素

6. t->next＝p->next　p->next＝s

7. rear->next==rear

8. 1300

9. $n+1$

10. $n-1$　$n(n-1)/2$

五、构造题（每小题 6 分，共 30 分）

1.

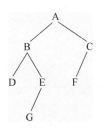

2.

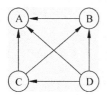

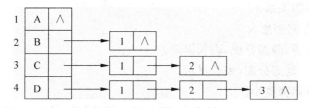

3.

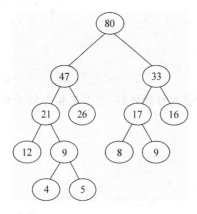

或:

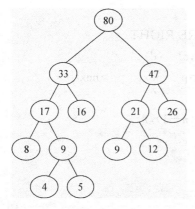

$WPL = 8 \times 3 + 4 \times 4 + 5 \times 4 + 16 \times 2 + 9 \times 3 + 12 \times 3 + 26 \times 2$

$\qquad = 207$

注:哈夫曼树的左、右子树可以互换。

4.

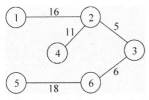

注：边上的权值可以省略。

5.

初始堆：

05,23,16,58,94,72,61,87

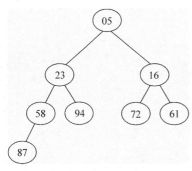

一趟排序后的序列状态：

87,23,16,58,94,72,61,05

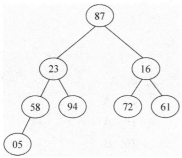

筛成堆后为：

16,23,61,58,94,72,87,05

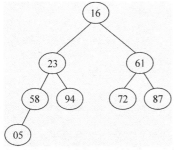

注：如果采用大根堆，要适当减分。

六、算法设计题（共 25 分）

1. （15 分）

```
void min(LinkList L){
if(L->next == NULL) return;
q = L;   r = L->next;   m = r->data;
while(r->next!= NULL)
  { if(r->next->data<m)
        { m = r->next->data;   q = r; }
    r = r->next;
  }
p = q->next;
if(m % 2 == 1) {q->next = p->next;   free(p); }
}
```

2. （10 分）

```
void layer(CSTree root){
InitQueue(&Q);   EnterQueue(&Q, root);
while(!Empty(Q))
  { DelQueue(&Q, &p);    visit(p);
    p = p->FirstChild;
    while(p!= NULL)
      { EnterQueue(&Q, p);   p = p->NextSibling; }
  }
}
```

模拟试题 2 答案

一、选择题（20 分）

1. A	2. A	3. A	4. C	5. A
6. A	7. B	8. C	9. A	10. A
11. B	12. A	13. A	14. D	15. A
16. D	17. B	18. B	19. D	20. B

二、填空题（22 分）

1. $r=f$ $(r+1)\%m=f$

2. 从任一结点出发可以遍历链表中的所有结点

3.

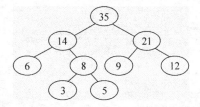

4. (1) f->next＝p->next;

(2) p->next->prior＝f;

(3) f->prior＝p；

(4) p->next＝f；

5. i－j－1　0

6. $n(n+1)/2$

7. $n+1$

8. 单右支二叉树或孤立结点

9.

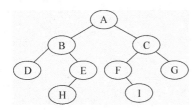

三、应用题（20分）

1. (0,3)2　(0,2)5　(0,1)8　(1,5)6　(3,6)10　(6,4)4　(5,7)20

2. [40 34 25 38] 46 [80 56 79]

3. 带权路径长度 $WPL＝131$。

哈夫曼树为：

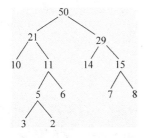

4. 平均查找长度 $ASL＝(7\times1+2\times2+3\times1)/10＝1.4$

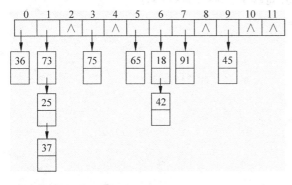

四、算法阅读题（20分）

1. 15 12 8 5 130 30

2. 将一个单链表按逆序链接。

3. 在二叉搜索树上查找等于给定值 item 的元素。

4. 向线性表 L 中第 i 个元素位置插入一个元素。

5. 删除线性表中所有重复的元素。

五、算法设计题(18 分)

1. 解答：设二叉树采用链表结构,计算一棵二叉树的所有结点的递归模型如下。

$f(t) = 0$ $t = \text{NULL}$

$f(t) = 1$ $t\text{->lchild} = \text{NULL}$ 且 $t\text{->rchild} = \text{NULL}$

$f(t) = f(t\text{->lchild}) + f(t\text{->rchild}) = 1$ 其他

因此,实现本题功能的函数为：

```
int   nodes( bitree   *t )
{
    int   num1, num2;
    if( t  =  = NULL )
        return 0;
    else {
    num1 = nodes ( t->lchild );
    num2 = nodes( t->rchild );
    return num1 + num2 + 1;
    }
}
```

2. 解答：

```
void OrderOutputList(LinearList& L)
{
    int*  b = new int[L.size];
    int i,k;
    for(i = 0; i < L.size; i++)     b[i] = i;
    for(i = 1; i < L.size; i++) {
        k = i-1;
        for(int j = i; j < L.size; j++) {
            if(L.list[b[j]] < L.list[b[k]]) k = j;
        }
        if(k!= i-1) {int x = b[i-1]; b[i-1] = b[k]; b[k] = x;}
    }
    for(i = 0; i < L.size; i++)
        cout << L.list[b[i]] << ' ';
    cout << endl;
}
```

3. 解答：

```
bool   Delete(List& L, ElemType   x)
{
  for (int i = 0; i < L.size;i++)
        if (L.list[i] == x) break;
     if (i == L.size) return false;
for(int j = i+1;j < L.size;j++)
    L.list[j-1] = L.list[j];
L.size -- ;
return true;
}
```

模拟试题 3 答案

一、简答题（15 分，每小题 3 分）

1. 算法是解决特定问题的操作序列，可以用多种方式描述。程序是算法在计算机中的实现，与具体的计算机语言有关。

2. 主要与哈希函数、装填因子 α 有关。如果用哈希函数计算的地址分布均匀，则冲突的可能性较小，如果装填因子 α 较小，则哈希表较稀疏，发生冲突的可能性较小。

3. 图中的结点可能有多个前驱，设置访问标志数组主要是为了避免重复访问同一个结点。

4. 头指针指向头结点，头结点的后继域指向首元素结点。

5. 当队尾到达数组的最后一个单元时认为队满，但此时数组前面可能还有空单元，因此称为假溢出。解决的方法是采用循环队列，即令最后一个单元的后继是第一个单元。

二、判断题（10 分，每小题 1 分）

1. √　2. ×　3. ×　4. √　5. ×　6. √　7. ×　8. √　9. ×　10. ×

三、单选题（10 分，每小题 1 分）

1. D　2. B　3. C　4. C　5. B　6. A　7. C　8. D　9. C　10. C

四、填空题（10 分，每空 1 分）

1. high　low　low　high

2. S->next＝R->next　R->next＝S

3. 时间　空间

4. $A[2,3]$

5. 2^{h-1}

五、构造题（20 分）

1. （4 分）

（答案略）

2. （6 分）

0	1	2	3	4	5	6	7	8	9
SUN	MON	THU	FRI	WED	TUE	SAT			

$ASL_{succ} = (1\times4+2\times2+3)/7 = 11/7$

3. （6 分）

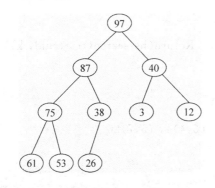

4. (4分)

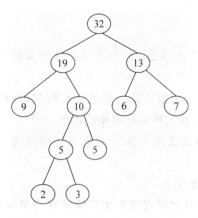

$WPL=2\times(9+6+7)+3\times5+4\times(2+3)=79$

六、算法分析题(10分)

解:

(1) 在二叉排序树中插入关键字为 K 的结点。

(2) $h=\log_2(n+1)$ 或 $h=[\log_2 n]+1$(方括号表示向下取整)

(3) $O(\log_2(n+1))$ 或 $O(\log_2 n)$

七、算法设计题(25分)

(答案略)

模拟试题4答案

一、选择题(20分)

1. B 2. C 3. A 4. B 5. B 6. C 7. A 8. C 9. C 10. B

二、填空题(22分)

1. 7

2. 入度,即 ID(i)

3. 2,3

4. 左标志位为1

5. $Next[j]=(0\ 1\ 1\ 2\ 3\ 1\ 2\ 3\ 1\ 2)$

6. $1/2\sum_{i=1}^{n}D(vi)$

7. 中序 50 95 55 70 85

8. Return(t)   Return(bstsearch(t->lcjild, k))   Return(bstsearch(t->rcjild, k))

三、应用题(28分)

1. (答案略)

2. (答案略)

3. (0,3)2, (0,2)5, (0,1)8, (1,5)6, (3,6)10, (6,4)4, (5,7)20

4. (答案略)

四、算法阅读题（每题 5 分，共 10 分）

1. 15　22　8　5　2　10

2. 求 $akm(m,n) = \begin{cases} n+1 & \text{当 } m=n \text{ 时，} \\ akm(m-1,1) & \text{当 } m\neq0\text{、}n=0 \text{ 时} \\ akm(m-1, akm(m,n-1)) & \text{当 } m\neq0\text{、}n\neq0 \text{ 时} \end{cases}$

五、算法设计题（20 分）

1. 解答：依题意建立如下链表结构。

```
typedef   struct   list {
    float price;                           //价格域
    int num;                               //数量域
    struct list * next;
}linklist;
```

该算法先建立一个待插入的结点，然后在该循环单链表中找出插入的位置，再把该结点插入。实现本题功能的函数如下：

```
linklist * insert( linklist * head, int m, float h )
{
    linklist *q, * s;
    s = (linklist * )malloc( sizeof(linklist) );
    s->price = h;
    s->num = m;
    if( head == NULL ) {                   //链表为空时建立一个循环链表
        head = s;
        head->next = head;                 //构成一个循环链表
    } else {                //第一个结点的 price 域小于 h，则把 s 所指的结点作为第一个结点插入
        if( head->price > h ) {
            q = head->next;                //查找最后一个结点，由 q 指向
            while( q != head )
                q = q->next;
            s->next = head;
            head = s;
            q->next = head;
        } else {
            q = head->next;                //查找相应的结点(由 q 指向)，在其后插入 s 所指的结点
            while( q->data < h  &&  q != head )
                q = q->next;
            s->next = q->next;             //在 q 之后插入 s 结点
            q->next = s;
        }
    }
    return head;
}
```

2. 解答：

```
//t 为二叉树的指针，p 为待找的结点，h 为 p 结点的层数，k 为当前的层数
void   level( bitree * t, bitree * p, int h, in k )
{
```

```
if( t == NULL )          h = 0;
else
    if( p == t )          h = k;                              //找到指定结点 * p
    else {
        level( p, t -> lchild, h, k + 1 );                   //在左子树中查找
        if( h == -1 )
            level( p, t -> rchild, h, k + 1 );               //在右子树中查找
    }
}
```

模拟试题 5 答案

一、选择题(20 分)

1. C 2. A 3. D 4. A 5. A 6. C 7. B 8. C 9. A 10. B

二、填空题(26 分)

1. $top_1 = 0$ 或 $top_2 = n+1$ $top_1 + 1 = top_2$

2. 既可以方便地找到一个结点的后继,又可以方便地找到一个结点的前驱

3. $i(2n - i + 1)/2 + j - i + 1 (i \leqslant 3)$

4. 2   3   4

5. 单左支二叉树或孤立结点

6. 8

7. 出度,即 $OD(i)$

8. $[n/2] + n - 1$

9. i+1   exchang=ture   i=i+1   exchang=false

三、应用题(24 分)

1. (40,38,35,30,25,20)

2. (0,3)2,(4,6)4,(0,2)5,(1,5)6,(0,1)8,(3,6)10,(5,7)20

3. (50,42,46,38,40,56 ,79,84)

4. [36 38 40 40 46 56 79 80][25 66 75 84]

四、算法设计题(30 分)

1. 解答:

```
linklist   insert( linklist * head, float x, int m )
{
    linklist * p, * q, * s;
    int i;
    float b;
    p = head -> next;
    while( p != NULL && p -> data != x )
        p = p -> next;
    if( p == NULL )
        printf( "% f  x  not found\n", x );
    else {
        q = p -> next;
        for( i = 1; i <= m; i++) {
```

```
            s = (linklist * )malloc(sizeof(linklist));
            scanf( "% f", &b);
            s-> data = b;
            p-> next = s;
            p = s;
        }
        p-> next = q;
    }
    return head;
}
```

2. 实现本题功能的函数如下：

```
int   count(RtreeNOde * BT)                //统计出二叉树中所有叶子结点的数目
        {
            if(BT = = NULL)return 0 :
            else if(BT-> left = = NULL& &BT-> right = = NULL)return
                else return   Count(BT-> left) + Count(BT-> right);
        }
```

3. 算法描述如下：

```
//在中序线索树中查找 * p 结点的中序前驱,函数返回指向中序前驱的指针
bithptr   * inorderpred( bithptr * p)
{
    bithptr * q;
    if( p-> ltag == 1 )                      // * p 的左子树为空
        return p-> lchild;                   //p-> lchild 为左线索直接指向 * p 的中序前驱结点
    else {
        q = p-> lchild;                      //从 * p 的左孩子开始查找
        while( q-> rtag == 0 )
            q = q-> rchild;
        return q;
    }
}
```

模拟试题 6 答案

一、选择题（20 分）

1. B 2. B 3. C 4. D 5. B 6. A 7. C 8. B 9. C 10. A

二、判断题（10 分）

1. × 2. √ 3. √ 4. × 5. √ 6. × 7. × 8. × 9. × 10. ×

三、填空题（20 分）

1. f->prior p->next->prior

2. 0

3. $n(n-1)$

4. 有序集

5. $n/2$

6. 开散列表　闭散列表

7. 49 个

8. h　$2^h - 1$

四、应用题(20 分)

1. (答案略)

2. (答案略)

3. (答案略)

4. 拓扑排序为 4　3　6　5　7　2　1

五、算法设计题(30 分)

1. 解答:

```
min( bitree * BT )
{
    bitree * p;
    p = BT;
    while( p -> rchild != NULL )
        p = p -> rchild;
    printf( "% d\n", p -> key );
}
```

2. 链表的单元意义如下:

```
typedef struct node {
    float coef;                      //系数域
    int exp;                         //指数域
    struct node * next;
}list;
```

算法描述如下:

```
void differential( list * head )
{
    list * p, * q;
    p = head;
    q = head -> next;
    while( q != NULL )
        if( q -> exp - 1 > -1 ) {        //非常数项
            q -> coef = q -> coef * q -> exp;
            q -> exp = q -> exp - 1;
            p = p -> next;
            q = q -> next;
        } else {                         //常数项,去掉该项
            p -> next = q -> next;
            free ( q );
            q = p -> next;
        }
}
```

3. 解答：

```c
int level( bitree * t, bitree * p )
{
    int count;
    count = 0;
    if( t == NULL )
        return 0;
    else {
        count ++;
        while( t->data != p->data ) {
            if( t->data < p->data )
                t = t->rchild;
            else
                t = t->lchild;
            count++;
        }
    }
    return count;
}
```

模拟试题 7 答案

一、选择题（每小题 1 分，共 10 分）

1. A 2. B 3. B 4. D 5. C 6. A 7. C 8. C 9. C 10. B

二、填空题（每小题 1 分，共 10 分）

1. 2

2. $(K+1)/3$

3. 指针

4. 空栈

5. 返回

6. 叶子

7. 3

8. 1

9. $n(n-1)/2$　0

10. 稠密　稀疏

第 9 和 10 小题中有一空错则 1 分全扣。

三、判断题（每小题 1 分，共 10 分）

1. √ 2. × 3. √ 4. × 5. √ 6. √ 7. × 8. × 9. × 10. ×

四、应用题（每小题 8 分，共 40 分）

1. 根据题意，矩阵 A 中当元素下标 i 与 j 满足 $i \geqslant j$ 时，任意元素 $A[i][j]$ 在一维数组 B 中的存放位置为 $i*(i+1)/2+j$，因此，$A[8][5]$ 在数组 B 中位置为 $8 \times (8+1)/2+5=41$。

2.

```c
while ( Ha != NULL ) {
```

```
        if ( Ha -> data == x )  n++;
        Ha = Ha -> link;
    }
```

3. 后序序列：C, B, F, E, I, J, H, G, D, A

4. 判断结果：

元素值	34	56	58	63	94
比较次数	2	1	3	4	4

/对一个给 1 分,全对给 8 分

5.

$H(\text{Jan}) = \lfloor 10/2 \rfloor = 5$,成功. $H(\text{Feb}) = \lfloor 6/2 \rfloor = 3$,成功.

$H(\text{Mar}) = \lfloor 13/2 \rfloor = 6$,成功. $H(\text{Apr}) = \lfloor 1/2 \rfloor = 0$,成功.

$H(\text{May}) = = \lfloor 13/2 \rfloor = 6, = 7$,成功. $H(\text{June}) = \lfloor 10/2 \rfloor = 5, = 6, = 7, = 8$,成功.

$H(\text{July}) = \lfloor 10/2 \rfloor = 5, = 6, = 7, = 8, = 9$,成功.

$H(\text{Aug}) = \lfloor 1/2 \rfloor 0, = 1$,成功. $H(\text{Sep}) = \lfloor 19/2 \rfloor 9, = 10$,成功.

$H(\text{Oct}) = \lfloor 15/2 \rfloor 7, = 8, = 9, = 10, = 11$,成功.

$H(\text{Nov}) = \lfloor 14/2 \rfloor 7, = 8, = 9, = 10, = 11, = 12$,成功.

$H(\text{Dec}) = \lfloor 4/2 \rfloor 2$,成功.

(1) 相应的散列表,错一个存储位置扣 1 分,最多扣 6 分。

0	1	2	3	4	5	6	7	8	9	10	11	12	13
Apr	Aug	Dec	Feb		Jan	Mar	May	June	July	Sep	Oct	Nov	
(1)	(2)	(1)	(1)		(1)	(1)	(2)	(4)	(5)	(2)	(5)	(6)	

(2) 搜索成功的平均搜索长度为：

$$1/12 \times (1+2+1+1+1+1+2+4+5+2+5+6) = 31/12 \quad (2 \text{分})$$

五、算法分析题(每小题 **8** 分,共 **24** 分)

1. p->data > temp   //4 分

   p->data = temp   //4 分

2. 算法功能及执行效率：

(1) 该算法的功能是直接插入排序。(4 分)

(2) $n-1$ 0   (2 分 2 分)

3. 算法功能：生成一棵新二叉树并返回树根指针,该二叉树是已知二叉树 BT 中所有结点的左、右子树交换的结果。

六、算法设计题(**6** 分)

```
int BTreeCount ( BinTreeNode * BT ) {
    if ( BT == NULL ) return 0;          //2 分
    else return BTreeCount ( BT -> leftChild ) + BTreeCount ( BT -> rightChild ) + 1;
```

}

模拟试题8答案

一、单选题(每小题1分,共8分)

1. B 2. A 3. B 4. D 5. A 6. C 7. B 8. B

二、填空题(每小题2分,共16分)

1. $O(1)$

2. $O(n^2)$

3. Kruskal

4. 9

5. $(R-F+N)\%N$

6. 4

7. 中

8. 10

三、判断题(每小题1分,共8分。对的打√,错的打×)

1. × 2. × 3. √ 4. √ 5. × 6. × 7. × 8. √

四、简答题(共38分)

1. (1) 45 30 26 20 29 12 16 18 6 2

(2) 交换的第一对元素为 26、15。第一个元素比其他元素都小时不需要交换。

2. (1) D B G E F C A

(2)

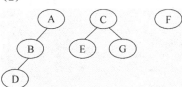

3. (1) 　　　A B C D E F

	A	B	C	D	E	F
A	0	0	0	0	1	1
B	0	0	0	0	1	0
C	0	0	0	0	0	1
D	1	1	0	0	0	0
E	0	0	1	1	0	0
F	0	0	0	0	0	0

(2) B E C F D A

4. (1) $(1\times2^0 + 2\times2^1 + 3\times2^2 + 4\times(9 - 2^0 - 2^1 - 2^2))/9 = 25/9$

(2) 26、11、4

五、程序填空题(共15分)

1. ① top>=100 或者 top==99

② S->data[S->top]

2. ① T==NULL 或者!T

② p->rchild != NULL 或者 p->rchild

③ p

3. -20

六、编程题(共15分)

1. 解答:

可以参照任何算法的排序题。

2. 解答:

可以设计树的中序、先序、后序等遍历法。

模拟试题9答案

一、单选题(每小题1分,共8分)

1. C 2. C 3. D 4. D 5. B 6. B 7. A 8. C

二、判断题(每小题1分,共8分。对的打√,错的打×)

1. × 2. × 3. × 4. × 5. × 6. × 7. × 8. ×

三、填空题(每小题2分,共16分)

1. 图结构 集合结构

2. $O(n^2 \log_2 n)$

3. 5

4. 虚溢出

5. 13

6. 20(提示:图有向边的最大个数为 $n(n-1)$)

7. 降序排列

8. 11(提示:图无向边的最大个数为 $n(n-1)/2$)

四、简答题(共38分)

1. (1) 20 12 26 45 30

(2) 需要移动两个元素,结果为 16 18 20 40。

2. (1) D B A F G E C

3.

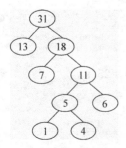

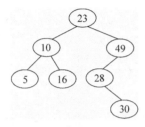

4. (1)

(2) C A D B G F E

5. (1)

(2) 23、10、5

五、程序填空题（共 15 分）

1. ① Q->front == Q->rear

② (Q->front + 1) % 100

2. ① a->length >= 100

② a->elem[i] = a->elem[i-1]

③ a[k]

④ ++或者=a->length + 1

3. 300

六、编程题（共 15 分）

1. 解答：

用递归方法求，略。

2. 解答：

```
int check(Node * h)
{
  Node * p;
  if( h == NULL )
      return 0;
  for( p = h; p->next != NULL; p = p->next )
      if( p->data > (p->next)->data )
          break;
  if( p->next == NULL )
      return 0;
  else
```

```
        return 1;
    }
```

模拟试题 10 答案

一、单选题(每小题 1 分,共 8 分)

1. B 2. A 3. A 4. D 5. B 6. B 7. B 8. D

二、判断题(每小题 1 分,共 8 分。对的打√,错的打×)

1. × 2. √ 3. × 4. × 5. √ 6. × 7. × 8. ×

三、填空题(每小题 2 分,共 16 分)

1. 顺序　链式

2. $O(n^2)$

3. 0　n

4. 无环路

5. p->lchild == NULL

6. 19

7. 所有顶点度之和

8. $n-2$

四、简答题(共 38 分)

1. 第一趟:4　26　12　25　6　30　15　20　2　16　18

第二趟:4　12　25　26　6　15　20　30　2　16　18

2.(1) B　E　F　C　G　D　A

(2)

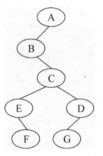

3.(1)

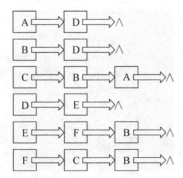

(2) F　C　B　A　D　E

4. (1) D　E　C　A　G　B　F

(2)

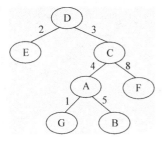

5. (1) $(1 + 2×2 + 3×3 + 4×2 + 5×1) / 9 = 3$

(2)

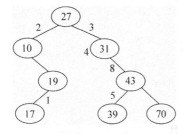

五、程序填空题（共 15 分）

1. ① n−1

② a[j] > a[j+1]

2. ① NULL

② p ! = NULL 或者!p

③ q = p

3. ① tree->lchild，　i−1

② tree->rchild，　i−1　（注：①、②答案的顺序可以调换）

六、编程题（共 15 分）

1. 解答：

```
typedef   struct {
    char   data[100];
    int length;
}LIST;
tAddTos( LIST * s, LIST * t)
{
  int   i, j;
  for( i = 0; i < t->length; i++) {
    for( j = 0; j < s->length && s->data[j] != t->data[i]; j++)
    if( j == s->length && s->length < sizeof(s->data) −1 )
                                                    //找不到相同的值,并且有空间
    {
        s->data[j] = t->data[i];
```

```
        s -> length ++;
      }
    }
}
```

2. 解答：

```
int delete( SQ * s )
{
  int i;
  if( s -> length <= 10 )
  {
    s -> length = 0;
    return 0;
  }
  for( i = 0; i < length − 10; i++)
    s -> elem[ i ] = s -> elem[ i + 10 ];
  s -> length -= 10;
  return 0;
}
```

模拟试题 11 答案

一、单选题(每小题 1 分,共 8 分)

1. D   2. A   3. C   4. C   5. B   6. C   7. B   8. B

二、判断题(每小题 1 分,共 8 分。对的打√,错的打×)

1. √   2. √   3. √   4. ×   5. ×   6. ×   7. √   8. √

三、填空题(每小题 2 分,共 16 分)

1. $n/2$ $O(n)$

2. 15

3. 5

4. 入度

5. 1

6. $O(n^2)$

7. 时间   空间

8. 1

四、简答题(共 38 分)

1. (1)

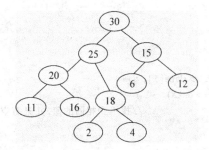

(2)

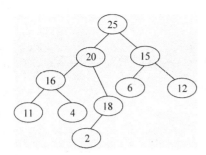

2.

先序遍历：A B C E H F D G

3.

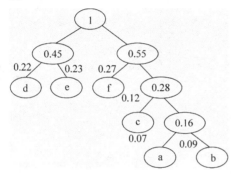

4. (1)   A B C D E F G

	A	B	C	D	E	F	G
A	0	1	0	0	0	1	1
B	1	0	0	0	1	1	0
C	0	0	0	1	0	0	1
D	0	0	1	0	1	0	0
E	0	1	0	1	0	1	0
F	1	1	0	0	1	0	0
G	1	0	1	0	0	0	0

(2) A B E D C G F

5. (1) 1,3,5,8,10,12

(2)

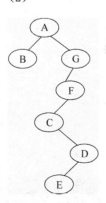

五、程序填空题(共 15 分)

1. ① head->next 或者 p->next

② pf->next

2. ① return k

② i1 = k + 1

3. ① x->e[i]

② c

③ x->length-c

六、编程题(共 15 分)

1. 求一整型数组中不同值的个数。解题方法:设置一个与整型数组等长的字符数组,值取 '0' 表示相同下标的数组元素值未统计,取 '1' 表示已统计。

```c
#include <stdio.h>
#include <stdlib.h>
typedef struct {
    int * e;
    int length;
}LIST;
main()
{
    int a[6] = {5,3,5,7,3,6}, i, j, count;
    LIST L;
    char * flag;
    L.e = a;
    L.length = 6;
    flag = (char * )malloc(L.length);
    for( i = 0; i < L.length; i++)
        flag[i] = '0';                    //置初始值'0',表示相同下标的数组元素值未统计
    for( count = i = 0; i < L.length; i++) {
        if( flag[i] != '0')              //表示已统计
            continue;
        flag[i] = '1';
        count++;
        for( j = i + 1; j < L.length; j++)
            if( L.e[j] == L.e[i] )
                flag[j] = '1';           //置'1',表示该元素值已统计
    }
    printf( "该数组中不同的值有[ % d]个\n", count );
}
```

2. 删除单链表的表头和表尾结点:

```c
#include <stdio.h>
#include <stdlib.h>
#include <malloc.h>
```

```c
typedef struct LinkNode {
    int data;
    struct LinkNode * next;
}Node;
int delht( Node ** h )
{
    Node * q;
    if( * h == NULL )                     /* 单链表为空 */
        return 0;
    q = ( * h) -> next;
    free( * h );                          /* 释放表头结点 */
    * h = q;                              /* 表头结点下移 */
    if( q != NULL )                       /* 链表有两个以上的结点 */
    {
        if( q -> next == NULL )           /* 链表只有两个结点 */
        {
            free( q );
            * h = NULL;
        }
        else                              /* 链表有两个以上的结点 */
        {
            while( q -> next -> next != NULL )
                q = q -> next;
            free( q -> next );            /* 释放表尾结点 */
            q -> next = NULL;             /* 尾结点的后续结点为空 */
        }
    }
    return 0;
}
main()
{
    int i;
    Node * head, * p;
    head = p = (Node * ) malloc( sizeof(Node) );                    /* 表头 */
    head -> data = 1;
    for( i = 1; i < 50; i++)
    {
        p -> next = (Node * ) malloc( sizeof(Node) );
        p = p -> next;
        p -> data = i + 1;
    }
    p -> next = NULL;

    delht( &head );
    printf( "删除头、尾结点后的元素为: \n" );
    for( p = head;  p != NULL;  p = p -> next )
            printf( " % 4d", p -> data );
```

```
        printf( "\n" );
        return 0;
}
```

模拟试题 12 答案

一、单选题(每小题 1 分,共 10 分)

1. B 2. D 3. A 4. C 5. A 6. C 7. D 8. B 9. A 10. A

二、判断题(每小题 1 分,共 10 分。对的打√,错的打×)

1. × 2. √ 3. √ 4. × 5. × 6. √ 7. × 8. √ 9. √ 10. ×

三、填空题(每空 2 要,共 20 分)

1. p->next = p->next->next

2. f = = r

3. 'STUDENT'

4. 7

5. 129

6. 2 和 1

7. $n-1$ $n(n-1)/2$

8. 9 4 6 7

9. 0

四、简答题(每小题 5 分,共 30 分)

1.

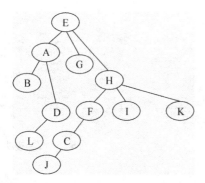

2.

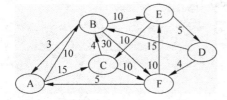

3. A,C,F,G,D,E,B

4.

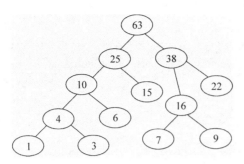

$WPL = 4 \times 1 + 4 \times 3 + 6 \times 3 + 15 \times 2 + 7 \times 3 + 9 \times 3 + 22 \times 2 = 156$

5. 层次遍历结果：5,1,9,4,6,2,7,3,8

6. 第一趟：   15   10   20   18   5   3   16   25   44   61   100   81   38   40   31

第二趟： 3   10   5   15   18   20   16   25   31   40   38   44   81   100   61

五、程序填空题（共 15 分）

1. ① j = m − 1

② i = m + 1

③ return −1

2. ① i++

② A. elem[i] > B. elem[j]

③ k++

3. 3211211

六、编程题（共 15 分）

1. 实现一棵二叉树的所有子树左、右交换的功能：

```
void exchange( BTREE Bt )
{
    BTREE p;
    if( Bt != NULL )
    {
        exchange( Bt -> left );
        exchange( Bt -> right );
        p = Bt -> left;
        Bt -> left = Bt -> right;
        Bt -> right = p;
    }
}
```

2. 删除带头结点的单链表 L 中值大于 mink 且小于 maxk 的所有元素：

```
int del( LinkList L, int mink, int maxk )
{
    LinkList p, q;
    for( q = L, p = L -> next;  p != NULL; p = q -> next )
    {
        if( p -> data > mink  && p -> data < maxk )      /* 找到元素,删除结点并释放空间 */
```

```
        {
            q -> next = p -> next;
            free( p );
        }
        else
            q = p;
    }
    return 0;
}
```

其时间复杂度为 $O(n)$。

附录 A | 实验报告参考模板

XX 大学 XX 学院
_____实验报告

实验名称：					
班　　级：		姓　　名：		学　　号：	
实验地点：		日　　期：			

实验内容和要求：
实验步骤： （对实验步骤的说明应该能够保证根据该说明即可重复完整的实验内容，得到正确结果）
实验结果：
实验分析：
教师评语：
实验成绩：　　　　　　　　教师：（签名要全称）　　　　　　　年　　月　　日

注：此模板为专业实验报告的基本要求，若实验有特殊要求，可在此模板的基础上增加，但不可减少。公共实验报告按原来的标准。

说明：

① 上、下页边距为 2.0 厘米，左边距为 2.0 厘米，右边距为 1.5 厘米。

② 表格位置为居中。

参 考 文 献

［1］ 邓文华,戴大蒙.数据结构实验与实训教程.2版.北京：清华大学出版社,2007.

［2］ 邓文华.数据结构.2版.北京：清华大学出版社,2007.

［3］ 李春葆.数据结构习题与解析.北京：清华大学出版社,2000.

［4］ 宁正元,易金聪,等.数据结构习题解析与上机实验指导.北京：中国水利水电出版社,2000.

［5］ 邓文华,梅志红.通用函数作图程序.华东交通大学学报,vol.11 No.3,1994.

［6］ 严蔚敏,吴伟民.数据结构.北京：清华大学出版社,1997.

［7］ 王春森.程序设计.北京：清华大学出版社,1999.

［8］ 杨秀金,张红梅.数据结构.西安：西安电子科技大学出版社,2004.

［9］ 耿国华.数据结构——C语言描述.北京：高等教育出版社,2005.

［10］ 罗伟刚.数据结构习题与解答.北京：冶金工业出版社,2004.

［11］ 邓文华.数据结构实验与实训教程.3版.北京：清华大学出版社,2011.

［12］ 邓文华.数据结构(C语言版).3版.北京：清华大学出版社,2011.